Oluniyi Akinbola
Timothy Namo

Produtividade e composição nutricional de clones de batata-doce

Oluniyi Akinbola
Timothy Namo

Produtividade e composição nutricional de clones de batata-doce

Produtividade e composição nutricional de alguns clones de polpa alaranjada de batata-doce (Ipomoea batatas L.(Lam.)) em Jos

ScienciaScripts

Imprint

Any brand names and product names mentioned in this book are subject to trademark, brand or patent protection and are trademarks or registered trademarks of their respective holders. The use of brand names, product names, common names, trade names, product descriptions etc. even without a particular marking in this work is in no way to be construed to mean that such names may be regarded as unrestricted in respect of trademark and brand protection legislation and could thus be used by anyone.

Cover image: www.ingimage.com

This book is a translation from the original published under ISBN 978-620-2-08158-0.

Publisher:
Sciencia Scripts
is a trademark of
Dodo Books Indian Ocean Ltd. and OmniScriptum S.R.L publishing group

120 High Road, East Finchley, London, N2 9ED, United Kingdom
Str. Armeneasca 28/1, office 1, Chisinau MD-2012, Republic of Moldova, Europe
Printed at: see last page
ISBN: 978-620-8-13275-0

ÍNDICE DE CONTEÚDOS

AGRADECIMENTOS

Louvo a Deus Todo-Poderoso por me ter mantido saudável e com energia para realizar com êxito o trabalho de curso, de campo, de laboratório e para compilar este trabalho.

Expresso a minha profunda gratidão e apreço ao meu Supervisor, Professor O. A. T. Namo, pelos seus esforços entusiásticos, encorajamento, conselhos e orientações inestimáveis e comentários construtivos desde o início deste estudo até ao fim.

Agradeço à minha adorável esposa, Esther, pelas suas orações e encorajamento sem fim. Estou profundamente grato ao Pastor e à Sra. Kennedy Olugbemi pelos seus contributos para este trabalho. Agradeço ao tio Ademola, sem o qual a conclusão deste estudo poderia ter sido difícil.

Expresso o meu profundo sentimento de gratidão a todos os membros da minha família: o meu pai e a minha mãe, Sr. e Sra. Akinbola, e os meus irmãos: Segun, Oluwagbemiga, Grace, Kikelomo, Tayo e Toyin, pelas suas orações, encorajamento e apoio durante este estudo. Agradeço também aos meus amigos, James, Amos e Jones, pelo seu encorajamento e orações. A minha gratidão ao Pastor e à Sra. Joseph Akinbola pelo seu apoio e compreensão.

Estou sinceramente grato aos meus colegas de curso; Madame Bimbo, Madame Edith, Madame Wazih, Aisha e a minha representante de turma, Ima, pela sua cooperação. Agradeço também ao Sr. Langs, ao Sr. Nuhu, ao Sr. Emmanuel e ao Sr. Danbaba, funcionários do National Root Crops Research Institute (NRCRI), Kuru, por me terem proporcionado os serviços e instalações necessários durante o trabalho de campo e de laboratório. Os meus agradecimentos especiais ao Dr. Solomon Afuape por me ter fornecido os materiais de plantação.

Agradeço ao líder, Sr. e Sra. Lamorde, e a todos os membros da Igreja Batista, Hwolshe e Ramun pelo apoio espiritual, financeiro e moral. E a todos os outros, cujos nomes não são mencionados aqui, obrigado por todas as vossas contribuições.

RESUMO

A batata-doce de polpa alaranjada (BDPA) contém P-caroteno, um precursor da vitamina A, que é utilizado para combater a fome e a cegueira nas crianças. É aqui que reside a necessidade de promover a cultura e o consumo da BDPA. Neste estudo, doze clones da batata-doce de polpa alaranjada *(Ipomoea batatas* (L.) Lam.), nomeadamente, F2M5/3, Ng - Jay, MD, F1M1/4, ELINDA, SOUL, AI2IB, TIS 87/0087/08, KWARA/00, F1M4/11, SOLO - 1/100 e SOLO - 1/144, foram selecionados para avaliar os seus potenciais de rendimento e composição nutricional no ambiente de Jos-Plateau entre julho e novembro de 2016. O estudo foi realizado na subestação de batata do National Root Crops Research Institute em Kuru, Estado de Plateau (Latitude 09° 44'N, Longitude 08° 47'E, Altitude 1.293,3 m acima do nível do mar). Os doze clones foram dispostos num esquema de blocos completos aleatórios com quatro repetições. A análise de nutrientes foi realizada para determinar a composição nutricional dos clones usando procedimentos padrão. Os resultados mostraram que a taxa de estabelecimento variou de 97,8 % no clone SOUL a 30 % no clone AI2IB. O LAI aumentou com o tempo até aos 90 DAP e depois diminuiu em todos os clones. A taxa de crescimento relativo diminuiu com o tempo em todos os clones, exceto F1M4/11, SOLO-1/100 e SOLO-1/144, onde o NAR aumentou até 120 DAP. A matéria seca total aumentou com o tempo até 90 DAP e depois diminuiu em todos os clones exceto F2M5/3, SOUL e SOLO-1/100, onde aumentou até 120 DAP. A proporção de matéria seca distribuída nas folhas e caules foi geralmente maior nas folhas e caules do que nos tubérculos nos estágios iniciais de crescimento em todos os clones. No final da estação de crescimento, no entanto, a matéria seca distribuída nos tubérculos foi geralmente maior do que nas folhas e nos caules. O número médio de tubérculos por planta, o comprimento do tubérculo, a circunferência do tubérculo e o conteúdo de matéria seca variaram com o clone. O rácio raiz-caule foi mais elevado no clone Ng-Jay (3,93) e mais baixo no clone AI2IB (0,69). O índice de colheita aumentou com o tempo até 120 DAP em todos os clones. A produtividade total de tubérculos foi maior no clone Ng-Jay (8,2 t/ha) e menor no clone ELINDA (2,0 t/ha). Com exceção do cálcio, todos os outros elementos nutritivos variaram com o clone. Os maiores teores de gordura e P-caroteno foram observados no clone SOLO-1/144. A produção de tubérculos foi positivamente correlacionada com hidratos de carbono, cinzas e fibras, mas negativamente correlacionada com humidade, gordura e fósforo. Os hidratos de carbono foram positivamente correlacionados com as cinzas, a gordura e o P-caroteno, mas negativamente correlacionados com a humidade. As cinzas foram negativamente correlacionadas com a humidade (-0,598), mas positivamente correlacionadas com a gordura (0,472), o cálcio (0,456) e o P-caroteno (0,863). O cálcio e o P-caroteno foram negativamente correlacionados com a humidade (0,303 e -0,385 , respetivamente). A proteína bruta foi positivamente correlacionada com a fibra (0,338), o fósforo (0,276) e o cálcio (0,397). O cálcio foi positivamente correlacionado com o P-caroteno (0,672). Os clones de BDPA utilizados neste estudo revelaram potencialidades prometedoras para rendimentos elevados e composição nutricional no ambiente de Jos-Plateau. São, por conseguinte, recomendados para posterior rastreio e seleção.

CAPÍTULO UM

1.1   INTRODUÇÃO

A batata-doce *(Ipomoea batatas* (L.) Lam.) é uma planta dicotiledónea que pertence à família da glória-da-manhã, Convolvulaceae. É um vegetal com raízes de sabor doce, amiláceo e tuberoso. É nativa das regiões tropicais da América (Tewe *et al,* 2003).

O género *Ipomoea*, que contém a batata-doce, também inclui várias flores de jardim denominadas "morning glories", embora esse termo não seja normalmente alargado a *Ipomoea batatas.* Algumas cultivares de *Ipomoea batatas* são cultivadas como plantas ornamentais; o nome *glória-da-manhã tuberosa* pode ser utilizado num contexto hortícola (Tewe *et al.,* 2003).

A batata-doce é uma cultura de raízes nativa dos trópicos e requer dias e noites quentes para um crescimento e desenvolvimento radicular óptimos. Produz mais raízes e de melhor qualidade em solos bem drenados, leves, franco-arenosos ou franco-siltosos (Gad e George, 2009).

A batata-doce é usada como alimento e é considerada uma das culturas alimentares mais importantes do mundo e o tubérculo tem sido relatado como sendo de alto valor alimentar, fibra e energia (ACIAR, 2012).

Foi relatado que a batata-doce contém um elevado nível de vitaminas A, C, B6, potássio, fósforo e niacina (Nedunchezhiyan *et al.,* 2012). Johnson e Pace (2010) referiram que as folhas da batata-doce contêm quantidades elevadas de vitaminas, minerais, antioxidantes, fibras alimentares e ácidos gordos essenciais que desempenham um papel vital na promoção da saúde.

A utilização da cultura como alimento para animais tem sido relatada como estando a aumentar, especialmente nos países em desenvolvimento (Scott, 2000). A utilização da cultura como alimento para o gado, para além do consumo humano, não pode ser alheia ao elevado conteúdo nutricional da batata-doce e à sua palatabilidade para o gado.

De acordo com Philpott *et al.* (2004), as três cultivares mais comuns de batata-doce disponíveis para produção comercial incluem a pele laranja/cobre com polpa laranja, a pele branca/creme com polpa branca/creme e a pele vermelha/roxa com polpa creme/branca. A maioria das cultivares de batata-doce são variedades autóctones de polpa branca, creme ou roxa com baixo teor de betacaroteno.

As raízes de batata-doce de polpa alaranjada têm uma vantagem nutricional em relação às raízes de polpa branca ou creme, porque o seu teor de beta-caroteno e, por conseguinte, de vitamina A, é mais elevado. Este facto é evidenciado pela cor laranja intensa da polpa da batata-doce, que está relacionada com o teor mais elevado de beta-caroteno e vitamina A. O teor mais elevado de beta-caroteno e vitamina A encontra-se nas variedades de polpa alaranjada mais profunda ou mais brilhante (Stathers *et al.*, 2013).

As raízes de batata-doce de polpa alaranjada são um alimento nutritivo por muitas razões. Para além de fornecerem elevados níveis de vitamina A, as raízes de batata-doce de polpa alaranjada contêm elevados níveis de vitaminas B, C, E e K, que ajudam a proteger o corpo humano e contribuem para o processo de recuperação de doenças. As raízes de batata-doce de polpa alaranjada também têm um elevado teor de hidratos de carbono, o que lhes permite produzir mais energia comestível por hectare e por dia do que outras fontes comuns de hidratos de carbono, como o arroz e o milho (Stathers *et al.*, 2013).

A batata-doce é amplamente cultivada e consumida tradicionalmente na sua forma de polpa branca, que não oferece os benefícios nutricionais das variedades de polpa alaranjada. É necessário aumentar a disponibilidade de variedades de polpa alaranjada ricas em beta-caroteno. A utilização de genótipos de batata-doce de polpa alaranjada que possuem rendimentos mais elevados poderia melhorar as condições socioeconómicas da comunidade agrícola, bem como o seu estado nutricional (Attaluri *et al.*, 2010).

1.2   DECLARAÇÃO DO PROBLEMA

A batata-doce é cultivada em mais de cem países. Entre as culturas de tubérculos cultivadas no mundo, a batata-doce ocupa o segundo lugar depois da mandioca. A Nigéria é o terceiro maior produtor de batata-doce, depois da China e do Uganda (Nwankwo *et al.*, 2014). A cultura pode ser considerada muito importante na promoção da segurança nutricional, particularmente em áreas agrícolas atrasadas com solos pobres (Srinivas, 2009). A batata-doce *(Ipomea batatas)* é uma importante cultura alimentar de base na Nigéria (Ukpabi, 2009). É uma das culturas de raízes amiláceas que são geralmente consumidas no país como um alimento energético. Com base na matéria seca, a composição de macronutrientes não hidratos de carbono das raízes tuberosas comestíveis inclui o seguinte 1,4 a 8,6% de proteínas, 3,4 a 5,9% de fibra bruta, 0,3 a 1,9% de lípidos e 1,5 a 6,3% de cinzas (Degras, 2003). O pigmento pró-vitamina A 0-caroteno (um precursor dietético da vitamina A) é conhecido por ser responsável pela coloração amarela a laranja da polpa das raízes tuberosas de algumas variedades de batata-doce (Degras, 2003; Rodriguez-Amaya e Kimura, 2004). Na Nigéria, a maioria das variedades autóctones de batata-doce tem raízes de polpa branca com uma quantidade negligenciável do pigmento pró-vitamina A. No entanto, Ijeh e Ukpabi (2004) relataram que uma popular variedade local de polpa amarela (conhecida como Ex-Igbariam) tem uma quantidade apreciável mas relativamente limitada de 0-caroteno (3 pg/g de amostra de raiz fresca). Os investigadores têm, portanto, defendido a necessidade de um aumento na produção e consumo da batata-doce de polpa alaranjada (Stathers *et al.*, 2013).

1.3   ÂMBITO E LIMITAÇÃO

Este estudo foi efectuado no ambiente de Jos-Plateau. Esta restrição deveu-se à necessidade de avaliar o potencial de crescimento e rendimento da batata-doce de polpa alaranjada com o objetivo de a popularizar no mesmo ambiente.

É de notar que tanto a localização geográfica como a localização física escolhidas para o projeto limitaram a generalização dos resultados para além do ambiente de Jos-Plateau. Isto deveu-se à natureza climática peculiar do ambiente. No entanto, as conclusões gerais do estudo podem ser úteis para futuros esforços de investigação no sentido de reproduzir o estudo noutros ambientes.

1.4   JUSTIFICAÇÃO

A batata-doce de polpa alaranjada é extremamente rica em beta-caroteno, que o corpo converte em vitamina A (retinol). De acordo com Nwankwo e Afuape (2013), uma pequena raiz (100- 125 gramas) da maioria das variedades de batata-doce de polpa alaranjada (OFSP) pode fornecer a dose diária recomendada de vitamina A para crianças com menos de cinco anos de idade. Para além disso, a BDPA contribui com uma quantidade significativa de vitaminas C, E, K e várias vitaminas B. As folhas também têm um bom teor de micronutrientes e proteínas adequadas (4%) para utilização como alimento e ração animal. A batata-doce é também uma boa fonte de fibra alimentar (2,5 - 3,3g/100 gm) e está classificada como um alimento de baixo índice glicémico (Nwankwo e Afuape, 2013). Geralmente, a batata-doce pode ser produzida a um custo relativamente mais baixo do que o inhame e a mandioca (Sorense, 2009). O aumento da população e a elevada taxa de urbanização deram origem à necessidade de alimentos baratos mas saudáveis para os pobres urbanos e criaram uma procura simultânea de estabelecimentos de fast food e alimentos mais saudáveis por uma classe média em crescimento. A vantagem nutricional da BDPA oferece uma oportunidade única para promover o aumento da comercialização e transformação da batata-doce, o que irá aumentar a procura e, em última análise, aumentar o rendimento (Sorense, 2009). Todas as categorias de agricultores podem cultivar e investir em produtos de raízes frescas e na comercialização de BDPA.

De acordo com a OMS (2012), todos os anos, cerca de 861 000 crianças nigerianas morrem antes dos cinco anos de idade. Mais de um terço destas mortes são atribuídas à subnutrição. Quase 30% das crianças em idade pré-escolar na Nigéria são deficientes em vitamina A, um micronutriente que ajuda as crianças pequenas a crescer e a desenvolver-se normalmente e a manterem-se saudáveis. As mulheres em idade fértil, as famílias em situação de insegurança alimentar e as famílias afectadas pelo VIH/SIDA também correm um risco elevado de deficiência de vitamina A (DVA). A deficiência de vitamina A (DVA) contribui para taxas significativas de cegueira, doenças e mortes prematuras na África Subsariana (Nwankwo e Afuape, 2013). As crianças pequenas e as mulheres grávidas ou lactantes estão particularmente expostas ao risco de DVA. Por conseguinte, com a necessidade crescente de fornecimento de fontes naturais e baratas de vitamina A, que está contida na batata-doce de polpa alaranjada (Saleh *et al.*, 2011), é necessário promover a produção da cultura.

1.5   FINALIDADE E OBJECTIVOS

O objetivo da investigação foi avaliar o potencial de produtividade e a composição nutricional de doze clones de batata-doce de polpa alaranjada no ambiente de Jos-Plateau.

Os objectivos específicos eram os seguintes

i.   Avaliar o potencial de rendimento de doze clones de batata-doce de polpa alaranjada em Jos Plateau.

ii.   Avaliar a composição nutricional dos clones.

CAPÍTULO DOIS

REVISÃO DA LITERATURA

2.1   ORIGEM E DISTRIBUIÇÃO DA BATATA-DOCE

A batata-doce é nativa das Américas tropicais e foi cultivada pela primeira vez há pelo menos 5.000 anos. Espalhou-se muito cedo por toda a região, incluindo as Caraíbas e o que é agora o sudeste dos Estados Unidos. Foram trazidas para a Europa por exploradores espanhóis e portugueses e espalharam-se rapidamente por grande parte do Velho Mundo (CGIAR, 2006).

Quando os europeus visitaram a Polinésia pela primeira vez, encontraram culturas de batata-doce. Como e quando chegaram à Polinésia é um tema de grande debate entre antropólogos e historiadores, com alguns a afirmarem que havia provas de um contacto precoce com os povos da América do Sul, e outros que a batata-doce chegou à Polinésia vinda de outras direcções depois de 1492 (CGIAR, 2006).

As variedades cultivadas de *I. batatas* apresentam um polimorfismo morfológico importante. Entre as espécies do género *Ipomoea* série Batatas, 13 são consideradas como estando estreitamente relacionadas com a batata-doce, mas o antepassado selvagem desta planta ainda não foi identificado. De acordo com Saranya *et al.* (2006), foram avançadas três hipóteses para explicar a origem da batata-doce.

Em primeiro lugar, pensava-se que a batata-doce era originária da *I. leucanthaJacq. diploide,* da qual derivou a *I. littoralis* Blume tetraploide por poliploidização. A hibridação entre estas duas espécies pode ter gerado a *Ipomoea trifida* (H.B.K.) Don. triploide, que foi levada ao estatuto de hexaplóide através da duplicação do conjunto de cromossomas triplóides. A seleção e domesticação posteriores destas plantas selvagens podem ter dado origem à *I. batatas* hexaplóide.

Em segundo lugar, a origem da batata-doce sugere a hibridação entre *I. trifida* e *I. triloba,* resultando na geração do ancestral selvagem de *I. batatas.*

Em terceiro lugar, a autopoliploidia de *I. trifida* foi avaliada e, em particular, a ocorrência de gâmetas 2n (diplogâmetas) pode ter estado envolvida na origem da série de poliploidia e permitiu a interconexão sexual entre diferentes níveis de ploidia. De facto, foi registada a produção de pólen 2n em *I. trifida* diploide e *I. batatas* tetraploide.

Por conseguinte, um mecanismo de poliploidização sexual através da fertilização por gâmetas não reduzidos pode desempenhar um papel importante no fluxo de genes entre os diferentes níveis de ploidia destas espécies de *Ipomoea*. Com base na análise morfológica deste complexo de espécies, *I. trifida* foi frequentemente considerada como o parente mais próximo da batata-doce cultivada (Saranya *et al.,* 2006).

2.2 BOTÂNICA

A batata-doce é uma planta herbácea e perene. No entanto, é cultivada como planta anual por propagação vegetativa, utilizando raízes de armazenamento ou estacas de caule. O seu hábito de crescimento é predominantemente prostrado, com um sistema de trepadeiras que se expande rapidamente de forma horizontal no solo. Os tipos de hábito de crescimento da batata-doce são: ereto, semi-ereto, espalhado e muito espalhado (Nair, 2006).

2.2.1 Sistema radicular

O sistema radicular da batata-doce é constituído por raízes fibrosas, que absorvem nutrientes e água e fixam a planta, e por raízes de armazenamento, que são raízes laterais, que armazenam produtos fotossintéticos. O sistema radicular das plantas obtidas por propagação vegetativa começa com raízes adventícias que se desenvolvem em raízes fibrosas primárias, que se ramificam em raízes laterais. À medida que a planta amadurece, são produzidas raízes espessas, tipo lápis, com alguma lenhificação. Outras raízes que não têm lignificação, são carnudas e muito espessas, são chamadas raízes de armazenamento. As plantas cultivadas a partir de sementes verdadeiras formam uma raiz típica com um eixo central com ramificações laterais. Mais tarde, o eixo central funciona como uma raiz de armazenamento (Huaman, 1999).

2.2.2 Caule

O caule da batata-doce é cilíndrico e o seu comprimento, tal como o dos entrenós, depende do hábito de crescimento da cultivar e da disponibilidade de água no solo. As cultivares erectas têm aproximadamente 1 m de comprimento, enquanto as muito espalhadas podem atingir mais de 5 m de comprimento. Algumas cultivares têm caules com caraterísticas de torção. O comprimento do entrenó pode variar de curto a muito longo, e, de acordo com o diâmetro do caule, pode ser fino ou muito grosso (Nair, 2006).

Dependendo da cultivar de batata-doce, a cor do caule varia de verde a totalmente pigmentada com antocianinas (cor vermelho-púrpura). A pilosidade nos rebentos apicais, e em algumas cultivares também nos caules, varia de glabra (sem pêlos) a muito pubescente (Huaman, 1999).

2.2.3 Folhas

As folhas são simples e dispostas em espiral, alternadamente no caule, num padrão conhecido como 2/5 filotaxia. Dependendo da cultivar, o bordo da lâmina foliar pode ser inteiro, dentado ou lobado. A base da lâmina foliar tem geralmente dois lóbulos que podem ser quase rectos ou arredondados. A forma do contorno geral das folhas da batata-doce pode ser arredondada, reniforme (em forma de rim), cordada (em forma de coração), triangular, hastada (trilobular e em forma de lança com as duas folhas basais divergentes), lobada e quase dividida (Nair, 2006).

A cor da folha pode ser verde-amarelada, verde ou pode ter pigmentação púrpura em parte ou em toda a lâmina foliar. Algumas cultivares apresentam folhas jovens de cor púrpura e folhas maduras de cor verde. O tamanho da folha e o grau de pilosidade variam consoante a cultivar e as condições ambientais. Os pêlos são glandulares e geralmente são mais numerosos na superfície inferior da folha. As nervuras da folha são palmadas e a sua cor, muito útil para diferenciar as cultivares, pode ser verde a particularmente ou totalmente pigmentada com antocianinas. O comprimento do pecíolo varia de muito curto a muito longo. Os pecíolos podem ser verdes ou com pigmentação púrpura na junção com a lâmina e/ou com o caule ou em todo o pecíolo. Em ambos os lados da inserção com a lâmina, encontram-se duas pequenas nectarinas (Huaman, 1999).

2.2.4 Flores

A inflorescência é geralmente um cime em que o pedúnculo se divide em dois pedúnculos axilares; cada um deles divide-se ainda em dois após a produção da flor (cime bipartido). Em geral, desenvolvem-se botões de primeira, segunda e terceira ordem. No entanto, também se formam flores simples. Os botões florais estão unidos ao pedúnculo através de um pedúnculo muito curto chamado pedicelo. A cor do botão floral, do pedicelo e do pedúnculo varia do verde ao púrpura total. A flor é bissexual. Para além do cálice e da corola, contém os estames que são os órgãos masculinos ou androecium e o pistilo que é o órgão feminino ou gynoecium. O cálice é constituído por cinco sépalas, duas exteriores e três interiores, que permanecem presas ao eixo floral depois de as pétalas secarem e caírem. A corola é constituída por cinco pétalas que se fundem para formar um funil, geralmente com limbo lilás ou púrpura pálido e com garganta (o interior do tubo) avermelhada a púrpura. Algumas cultivares produzem flores brancas. O androceu é constituído por cinco estames com filamentos cobertos de pêlos glandulares e parcialmente fundidos com a corola. O comprimento dos filamentos é variável em função da posição do estigma. As anteras são esbranquiçadas, amarelas ou cor-de-rosa, com uma deiscência longitudinal. Os grãos de pólen são esféricos, com a superfície coberta de pêlos glandulares muito pequenos. O gineceu é constituído por um pistilo com um ovário superior, dois carpelos e dois lóculos que contêm um ou dois óvulos. O estilete é relativamente curto e termina num estigma largo, dividido em dois lóbulos cobertos de pêlos glandulares. Na base do ovário existem glândulas basais amarelas que contêm néctar que atrai os insectos. O estigma é recetivo no início da manhã e a polinização é feita principalmente por abelhas (Huaman, 1999).

2.2.5 Frutos e sementes

O fruto é uma cápsula, mais ou menos esférica com uma ponta terminal, que pode ser pubescente ou glabra. A cápsula torna-se castanha quando madura. Cada cápsula contém de uma a quatro sementes, ligeiramente achatadas de um lado e convexas do outro. A forma da semente pode ser irregular, ligeiramente angular ou arredondada; a cor varia do castanho ao preto; e o tamanho é de aproximadamente 3 mm. O embrião e o endosperma estão protegidos por uma testa espessa, muito dura e impermeável. A germinação das sementes é difícil e requer escarificação por abrasão mecânica ou tratamento químico. As sementes de batata-doce não têm um período de dormência, mas mantêm a sua viabilidade durante muitos anos (Nair, 2006).

2.2.6 Raiz de armazenamento

As raízes de armazenamento são a parte comercial da planta de batata-doce (Huaman, 1999). A maior parte das cultivares desenvolve raízes de armazenamento nos nós das estacas-mãe que se encontram no subsolo. No entanto, as cultivares muito disseminadas produzem raízes de armazenamento em alguns dos nós que entram em contacto com o solo. As partes das raízes de armazenamento são a extremidade proximal que se junta ao caule, através de um talo radicular, e onde se encontram muitos botões adventícios dos quais se originam os rebentos; uma parte central que é mais expandida; e a extremidade distal que é oposta ao talo radicular. Os botões adventícios que se encontram na parte central e distal brotam geralmente mais tarde do que os que se encontram na extremidade proximal. A formação das raízes de armazenamento pode ocorrer em grupos à volta do caule. Se o talo radicular que une a raiz ao caule estiver ausente ou for muito curto, forma-se um cacho fechado. Se o talo for longo, forma um cacho aberto. Nalgumas outras cultivares, as raízes de armazenamento são formadas a uma distância considerável do caule e, portanto, a formação das raízes de armazenamento é dispersa ou muito dispersa (Huaman, 1999).

A superfície da raiz de armazenamento é geralmente lisa, mas algumas cultivares apresentam alguns defeitos, tais como pele tipo jacaré, veias proeminentes, constrições horizontais ou sulcos longitudinais. As lenticelas também estão localizadas na superfície e, em algumas cultivares, podem ser protuberantes devido ao excesso de água no solo. As raízes de armazenamento variam em forma e tamanho de acordo com a cultivar, o tipo de solo onde a planta é cultivada e outros factores. A sua forma pode ser redonda, redondo-elíptica, elíptica, ovada, obovada, oblonga, oblonga longa, elíptica longa e irregular longa ou curva. A cor da pele da raiz de armazenamento pode ser esbranquiçada, creme, amarela, laranja, castanho-alaranjada, cor-de-rosa, vermelho-púrpura e púrpura muito escura. A intensidade da cor depende das condições ambientais em que a planta é cultivada. A cor da polpa pode ser branca, creme, amarela ou alaranjada. No entanto, algumas cultivares apresentam uma pigmentação vermelho-púrpura na polpa em muito poucos pontos dispersos, anéis pigmentados ou, em alguns casos, em toda a polpa da raiz (Philpott *et al.*, 2004).

2.3   TAXONOMIA

A batata-doce é cultivada como uma cultura perene em agro-ecologias de terras baixas tropicais e subtropicais, embora esteja bem adaptada a outras zonas e possa ser cultivada em ambientes amplos e diferentes.

A classificação sistemática da batata-doce é a seguinte

Família: Convolvulaceae

Tribo: Ipomoeae

Género: *Ipomoea*

Subgénero: Eriospermum

Secção: Eriospermum

Série: *Batatas*

Espécies: *Ipomoea batatas* (L.) Lam.

Nomes comuns: Batata-doce (inglês), batata (espanhol), potata (setswana) (Huaman, 1999).

Esta espécie foi descrita pela primeira vez em 1753 por Linnaeus como *Convolvulus batatas*. No entanto, em 1791, Lamarck classificou-a no género *Ipomoea* com base na forma do estigma e na superfície dos grãos de pólen. Por conseguinte, o nome foi alterado para *Ipomoea batatas* (L.) Lam. Dentro da série *batatas,* existem 13 espécies selvagens que são consideradas aparentadas com a batata-doce. São elas: *I. cordatotriloba* (= *I. trichocarpa), I. cynanchifolia, I. grandifolia, I. lacunose, I. leucantha, I. littoralis, I. ramosissima, I. tabascana,*

I. tenuissima, I. tiliacea, I. trifida, I. triloba e *I. umbraticola.*

O número de cromossomas da planta de batata-doce é $2n = 6x = 90$. Isto indica que se trata de uma planta hexaplóide com um número básico de cromossomas $x = 15$. Entre as espécies selvagens, *I. tabascana* e *I. tiliacea* são tetraplóides com $2n = 4x = 60$. As outras espécies são diplóides com $2n = 2x = 30$. As espécies poliplóides são *I. cordatotriloba* com $2x$ e $4x$ e *I. trifida* com $2x$, $3x$, $4x$, e $6x$ (Huaman, 1999).

2.3.1 Cultivares

De acordo com Philpott *et al.* (2004), as três cultivares mais comuns de batata-doce disponíveis para produção comercial incluem

1) Pele alaranjada/cobre com polpa alaranjada, por exemplo: Beauregard, Hernandez, Beerwah Gold, NC-3, LO-323, Centennial, Darby e Jewel. As cultivares de laranja da África do Sul, como a Beauregard, têm tubérculos longos, cilíndricos a elípticos pesados. Têm um elevado teor de beta-caroteno e são de crescimento bastante rápido. Pode tornar-se demasiado grande com um longo período de crescimento (ver quadro 3).

2) Pele branca/creme com carne branca/creme, por exemplo: Hawaii, Kestel. A Blesbok, que tem uma cor de carne creme, tem um rendimento elevado e um bom período de conservação. Pode produzir um bom rendimento num período de crescimento relativamente curto (4 meses), o que é importante para as regiões frias. Produz algumas batatas-doces compridas e curvas, especialmente em solos arenosos (ver quadro 1).

3) Pele vermelha/roxa com polpa creme/branca, por exemplo: Northern Star, Red Abundance, Rojo Blanco. A Koedoe é uma cultivar muito atraente e saborosa quando cozinhada, com um tubérculo oval pontiagudo. As suas pontas partem-se facilmente. Requer um período de crescimento de 5 meses para produzir um bom rendimento. A seleção de uma variedade a cultivar baseia-se na procura do mercado. As variedades são avaliadas segundo uma série de parâmetros, incluindo a forma e a uniformidade da raiz, o rendimento comercial, a atratividade da pele e da polpa e o vigor da planta (ver quadro 2).

A batata-doce de polpa roxa tem uma cor roxa na pele e na polpa da raiz de armazenamento devido à acumulação de antocianinas (Philpott *et al.,* 2004; Terahara *et al.,* 2004). As antocianinas são pigmentos alimentares solúveis naturais e contribuem para a coloração vermelha, azul e púrpura das folhas, flores e outras partes da planta. A pigmentação vermelha e púrpura em várias partes da planta da batata-doce é causada pela presença de antocianinas aciladas (Fan *et al.,* 2008).

2.4 REQUISITOS CLIMÁTICOS

Como a batata-doce é de origem tropical, adapta-se bem a climas quentes e cresce melhor durante o verão. A batata-doce é sensível ao frio e não deve ser plantada até que o perigo de geada tenha passado. A temperatura óptima para obter o melhor crescimento situa-se entre 21oC e 29oC, embora

Podem tolerar temperaturas tão baixas como 18^0 C e tão altas como 35^0 C. As raízes de armazenamento são sensíveis a mudanças na temperatura do solo, dependendo da fase de desenvolvimento da raiz (Biswal, 2008).

Prato 1: Batata-doce de polpa branca/creme com pele creme

Prato 2: Batata-doce de polpa creme/branca com pele roxa.

Prato 3: Batata-doce de polpa alaranjada com pele alaranjada

2.5 REQUISITOS DO SOLO

Seleção do local e do solo

É preferível um solo franco-arenoso bem drenado e devem ser evitados os solos argilosos pesados, que podem atrasar o desenvolvimento das raízes, provocando fissuras de crescimento e uma má forma das raízes. Os solos mais leves são mais facilmente lavados das raízes na altura da colheita. Recomenda-se a cultura de adubo verde na estação húmida com sorgo forrageiro esterilizado, que deve ser completamente incorporado e decomposto na altura da plantação. O pH do solo deve ser ajustado para cerca de 6 através da aplicação de cal ou dolomite. As taxas de fertilizante de 240 kg e 400 kg/ha, respetivamente, aumentarão o pH em 0,1 de uma unidade. O solo deve ser rasgado em profundidade e, em seguida, cultivado com disco para quebrar quaisquer torrões grandes e fornecer solo solto suficiente para o amontoamento dos canteiros. Recomenda-se um teste anual do solo para avaliar as propriedades do solo, o pH e os níveis de nutrientes antes da preparação do solo (Biswal, 2008).

2.6 PRÁTICAS CULTURAIS

2.6.1 Propagação

a) Preparação do berçário

A batata-doce é geralmente propagada através de estacas de vinha, obtidas quer de plantas recém-colhidas quer de viveiros. No entanto, o uso recorrente de videiras pode causar um aumento da infestação de gorgulhos, apesar de haver menos alterações na redução da produção (Nair, 2006). As videiras obtidas em viveiro devem ser saudáveis e vigorosas para uma produção máxima de raízes.

b) Preparação das videiras

As vinhas cortadas com folhas intactas são armazenadas à sombra durante dois dias antes da plantação no campo principal para promover uma melhor iniciação das raízes, um fácil estabelecimento das vinhas e uma maior produção de raízes (Biswal, 2008). As folhas das videiras podem ser removidas quando as videiras são transportadas para locais distantes para reduzir o volume. Este método pode ser adotado para a multiplicação de materiais de plantação que impliquem custos de transporte.

c) *Coleção de corte*

As estacas de ponta de cerca de 30 a 40 cm de comprimento, com aproximadamente oito nós, são colhidas na cama do viveiro ou na última plantação estabelecida. As estacas de ponta devem ser retiradas de culturas com idade suficiente para fornecer material sem danos excessivos. Evitar os "cortes posteriores", uma vez que estes terão uma maturidade variável e resultarão numa redução significativa do rendimento. As folhas inferiores devem ser cortadas, uma vez que o seu arrancamento pode danificar os nós que produzirão as raízes. As estacas podem ser deixadas à sombra, sob um pano húmido, durante alguns dias, para favorecer o enraizamento dos nós, antes da plantação no campo. Com o espaçamento recomendado entre plantas, são necessárias 330 estacas para uma linha de 100 m (Scott, 2000).

d) *Produção de estacas para sementeira*

Trata-se da propagação de estacas a partir de raízes colhidas, que são colocadas próximas umas das outras numa cama de sementes. Trata-se de um método alternativo de produção de material de plantação que exige menos mão de obra, mas sacrifica uma percentagem de raízes comercializáveis. Em 1992, foi efectuada uma investigação na Coastal Plains Horticulture Research Farm (CPHRF). A produção de estacas em sementeiras mostrou que eram necessários cerca de 25 kg de raízes para plantar um metro quadrado de sementeira, o que rendia aproximadamente 200 estacas por corte em quatro cortes (Scott, 2000).

e) *Plantação de estacas*

As estacas devem ser plantadas num ângulo de cerca de 450° nos montes, o que favorece um desenvolvimento correto e uniforme das raízes. Metade da estaca ou três a quatro nós devem ser enterrados com um espaçamento de 30 cm entre plantas. Existem plantadores mecânicos que são utilizados em plantações em grande escala, mas a plantação manual é amplamente praticada. Pode ser tão fácil como empurrar a estaca para o monte com uma vara bifurcada. A necessidade de mão de obra para a plantação manual é estimada em 32 h/ha. As estacas precisam de ser regadas durante ou imediatamente após a plantação. As plantações devem ser programadas de modo a permitir colheitas quinzenais progressivas durante o período de produção desejado (Scott, 2000).

Os rebentos devem ser retirados dos canteiros quando cada um deles tiver 6 a 10 folhas e um sistema radicular forte. Os rebentos são colocados no campo o mais cedo possível, quando o solo tiver aquecido e o risco de geada ou de um período de tempo frio tiver passado. O espaçamento entre as plantas deve ser de 30 a 38 cm, em filas de 1 m de distância. São necessárias cerca de 14 520 plantas por hectare. A gestão da água é muito importante para evitar o choque do transplante (Scott, 2000).

2.6.2 Preparação do solo

A batata-doce é cultivada em canteiros elevados ou em montículos. Isto permite que as raízes em desenvolvimento tenham um solo solto e friável para se expandirem até ao seu tamanho e forma potenciais sem restrições. Também permite uma drenagem adequada e facilita a colheita com uma escavadora mecânica. Os montes devem ter aproximadamente 30 cm de altura e 40 cm de largura na base. A principal preocupação é que as raízes em desenvolvimento permaneçam debaixo do solo dentro dos montes. Ao utilizar uma escavadora mecânica na altura da colheita, é importante fazer coincidir a largura do monte com a largura da boca da escavadora. O espaçamento dos montes entre 1,5 e 2,0 m (dependendo da largura do trator) com uma estrada a cada seis linhas permite o acesso para a pulverização com barra. Os montes são formados, utilizando discos de amontoa, e o fertilizante de base pode ser incorporado durante esta operação (Ngoan, 2006).

2.6.3 Plantação

A época de plantação foi identificada como um dos factores mais importantes que afectam o crescimento, o rendimento e a qualidade das raízes (Nedunchezhiyan e Byju, 2005). A época de plantação é determinada principalmente pelo clima de um local. Os melhores rendimentos das culturas ocorrem geralmente em áreas com 750 a 1.000 milímetros (mm) de precipitação anual, com pelo menos 500 mm a cair durante a estação de crescimento (Tewe *et al.*, 2001). Geralmente, a plantação tem lugar de fevereiro a julho nas regiões central e sul, onde a precipitação é mais elevada. Contudo, a plantação ao longo das margens dos rios na zona central, ou em áreas pantanosas (fadama) no norte, pode prolongar a estação para permitir a plantação de setembro a dezembro (Tewe *et al.*, 2001).

A densidade óptima de plantas depende da cultivar, mas é geralmente de cerca de 40 000 plantas por hectare. As linhas podem variar de 1 a 1,25 m de distância; o espaçamento entre linhas é geralmente de 25 a 30 cm (Salawu e Mukhtar, 2008). O número de estacas necessárias para plantar 1 ha varia entre 30 000 e 60 000, consoante o espaçamento específico utilizado (Salawu e Mukhtar, 2008).

2.6.4 Adubos e fertilizantes

A batata-doce remove quantidades apreciáveis de nutrientes das plantas, pelo que se recomenda a incorporação de uma quantidade considerável de adubo orgânico na altura da plantação para manter a produtividade do solo. A aplicação de estrume tem um impacto significativo no crescimento e no rendimento radicular da batata-doce (Salawu e Mukhtar, 2008). Normalmente, o estrume da quinta/composto de estrume de vaca ou estrume verde é utilizado como estrume orgânico para a batata-doce. Observou-se que a aplicação de adubo verde é uma alternativa ao adubo de quintal (Kaggawa *et al.*, 2006).

Vários resultados de investigação indicaram que a aplicação de azoto aumentou a produção de raízes (George e Mitra 2001; Satapathy *et al.*, 2005). No entanto, uma quantidade elevada de aplicação de azoto encoraja o crescimento da videira em vez do desenvolvimento das raízes de armazenamento. Uma dose moderada de 50-75 kgN/ha é óptima para a produção de raízes na batata-doce (Biswal 2008; Sebastiani *et al.*, 2006). A resposta da batata-doce ao fósforo é muito baixa. Uma dose de 25-50 kg de P2O5 ha^{-1} é considerada óptima para a batata-doce (Mohanty *et al.*, 2005; Akinrinde, 2006; Sebastiani *et al.*, 2006). O potássio é um elemento essencial na síntese e translocação de hidratos de carbono dos topos para as raízes (Byju e Nedunchezhiyan, 2004). Uma dose moderada de 75-100 kg k_2 O é recomendada para a batata-doce (John *et al.*, 2001).

2.6.5 Irrigação

A batata-doce necessita de humidade suficiente no solo no momento da plantação para garantir a germinação adequada e o estabelecimento das videiras. É cultivada principalmente em condições de sequeiro. Também pode ser cultivada na estação seca sob irrigação. Gomes e Carr (2003) relataram que a batata-doce necessitava de uma média de 2 mm de água por dia nas primeiras partes da estação de crescimento e aumentava gradualmente para 5-6 mm de água/dia antes da colheita. A irrigação geralmente aumenta a produção e melhora o grau e a qualidade das raízes comercializáveis.

2.6.6 Controlo de ervas daninhas

As principais infestantes dos canteiros e campos de batata-doce são as gramíneas anuais, as ervas-de-porco, o carrapicho comum, o carrapicho comum, a erva-dos-campos comum, a erva-dos-campos da Pensilvânia e a noz-moscada amarela e roxa. As ervas daninhas são ligeiramente mais comuns nos canteiros de batata-doce do que nos campos. As infestantes nos canteiros podem reduzir o número e o peso das plantas. Nos campos, as infestantes graves podem reduzir o rendimento em 100 por cento, bem como diminuir a qualidade das raízes da batata-doce e interferir com a colheita. Os produtores de batata-doce têm apenas duas opções para controlar as ervas daninhas nos canteiros: a monda manual e os herbicidas. As gramíneas anuais são facilmente controladas nos canteiros com a utilização de herbicidas, mas as ervas daninhas de folha larga são difíceis de controlar. Nos campos, os agricultores têm quatro opções para combater as infestantes: lavoura antes da plantação, herbicidas, cultivo e monda manual. (Seem *et al.*, 2003).

A batata-doce é uma cultura de crescimento rápido e pouco profunda, que cobre o solo rapidamente. Suprime a maioria das ervas daninhas quando cultivada de perto, reduzindo a disponibilidade de luz e a interferência física (Ravindran *et al.*, 2010). No entanto, a monda pode tornar-se necessária, particularmente nas fases iniciais do crescimento da cultura, quando cultivada para produção de raízes com um espaçamento maior. Pelo menos duas mondas têm de ser efectuadas entre 15 e 35 dias após a plantação (Nedunchezhiyan e Ray, 2010).

Podem ser utilizadas várias estratégias de controlo; após a formação dos canteiros, a irrigação deve ser aplicada para germinar as sementes de ervas daninhas. A pulverização com um herbicida de arrastamento antes da plantação tem sido um método eficaz. Os cultivadores de dedos rotativos são eficazes na remoção de pequenas ervas daninhas durante o crescimento inicial da cultura. O crescimento vigoroso e precoce da vinha é encorajado para abafar as ervas daninhas.

2.6.7 Controlo de pragas

Cada cultura deve ser seguida de um período de pousio para evitar a acumulação de pragas e doenças transmitidas pelo solo. A plantação de uma cultura de adubo verde após a colheita ajuda a suprimir qualquer recrescimento e ervas daninhas, bem como a melhorar a estrutura do solo, e é essencial para a saúde do solo a longo prazo.

O gorgulho da batata-doce é a praga mais grave da batata-doce. Os adultos são semelhantes a formigas e põem ovos nos caules e nas raízes. As larvas enterram-se nas raízes, tornando-as não comercializáveis. Podem transformar-se em pupas nos caules e ser transferidas para o material de plantação. Uma vez estabelecida numa cultura, esta praga é difícil de controlar. A investigação (ensaio de controlo de insectos do solo de 1993) mostrou que um tratamento pré-plantação de estacas com cloropirifos combinado com aplicações foliares de cloropirifos às 5 e 10 semanas após a plantação proporciona um controlo significativo. O material de plantação colhido de uma cultura infetada deve ser mergulhado em inseticida antes da plantação. A destruição de todos os resíduos de culturas após a colheita e as rotações de culturas são as melhores formas de manter baixo o número de gorgulhos (Gad e George, 2009).

As térmitas podem ser um grande problema, especialmente em terrenos recentemente limpos onde a atividade de colónias estabelecidas não foi identificada. Evitar áreas conhecidas como infestadas de térmitas pode ser bem sucedido a curto prazo. As técnicas de agregação para localizar e concentrar a atividade das térmitas, seguidas de um programa de isco, são a melhor forma de limpar as futuras áreas de plantação desta praga.

As lagartas que se alimentam das folhas podem causar problemas se a infestação for suficientemente grave para causar uma redução significativa das folhas. No início da estação húmida, os gansos magpies esfomeados podem causar danos graves, pisando as culturas e comendo as raízes. Os ratos das árvores de patas pretas também são um problema (Gad e George, 2009).

2.6.8 Colheita

A colheita é feita progressivamente, uma vez que o rendimento das raízes não é afetado pelo atraso de alguns dias após a maturação. O ambiente e as variedades podem desempenhar um papel significativo na decisão do momento da colheita da batata-doce. Bourke (2006) observou que as raízes não comercializáveis com a colheita progressiva em comparação com a colheita única, embora o rendimento de raízes comercializáveis (100 g acima) fosse de 2

3.4 t/ha mais elevada.

Na Nigéria, a batata-doce amadurece em 4 meses (Nwankwo *et al.*, 2014). Dentro dos limites, o rendimento por hectare aumentará se a cultura permanecer no solo durante mais tempo, mas as raízes tornam-se menos palatáveis e os danos causados pelo gorgulho e as podridões tornam-se mais visíveis com a idade. A maturidade das raízes pode ser determinada cortando as raízes. A superfície de corte das raízes imaturas apresenta uma cor verde escura, enquanto nas raízes maduras as extremidades de corte secam claramente. O campo é irrigado 2 a 3 dias antes da colheita, para facilitar o levantamento das raízes. Após a remoção das videiras, as raízes são escavadas sem causar ferimentos (Nair, 2000). Nas regiões tropicais, a colheita da batata-doce é geralmente efectuada manualmente.

2.6.9 Cura de raízes

De acordo com Andersen (2009), as batatas-doces que se destinam a ser armazenadas para posterior comercialização ou para semente devem ser curadas imediatamente após a colheita para minimizar as perdas de armazenamento. A cura implica o controlo da temperatura e da humidade relativa e a ventilação durante sete a dez dias. A cura é um processo de cicatrização de feridas que ocorre mais rapidamente a uma temperatura de 26 a 32°C, uma humidade relativa de 85 a 90% e uma boa ventilação para remover o dióxido de carbono da área de cura. As feridas e contusões cicatrizam e desenvolve-se uma camada protetora de cortiça em toda a superfície da raiz. As raízes corretamente curadas podem ser armazenadas durante 12 meses ou mais, com perdas de 15 a 25% nas melhores condições. Após a cura, as batatas devem ser armazenadas a uma temperatura de 13 a 16^0 C para um armazenamento a longo prazo com uma humidade relativa de 85 a 90% (Lerner,

2001).

2.7 RENDIMENTO

O rendimento das raízes de armazenagem varia consoante a variedade, a época de plantação, as condições do solo e a fertilidade. Em geral, o rendimento da raiz de armazenamento varia de 20-25 t/ha para variedades promissoras com práticas de gestão de culturas melhoradas (Nair, 2000). Nedunchezhiyan *et al.* (2008) referiram que, em solos franco-arenosos, a batata-doce registou uma produção de tubérculos de 13,1 t/ha em condições de sequeiro, enquanto Nath *et al.* (2006) referiram uma produção de tubérculos de 26 t/ha em condições de regadio. Ezeano (2006) relatou que a produção de batata-doce está a aumentar na Nigéria.

2.8 ARMAZENAMENTO

As raízes são sensíveis a lesões causadas pelo frio e não devem ser armazenadas a temperaturas inferiores a $12,2^0$ C. O armazenamento a temperaturas de congelação danifica gravemente os tubérculos; os danos geralmente só se manifestam quando o produto é reposto a uma temperatura mais quente. A temperatura de armazenamento situa-se entre 12 e 15°C. A humidade relativa deve ser mantida entre 75 e 80% para evitar a perda excessiva de água das raízes. Deve ser assegurada alguma ventilação para evitar a acumulação de dióxido de carbono. As podridões de armazenamento pós-colheita, tais como os fungos *Rhizopus*, podem infetar áreas danificadas das raízes e podem propagar-se a outras raízes por contacto. O melhor controlo é preventivo, evitando danos na pele e não embalando raízes danificadas. As raízes devem estar secas antes de serem embaladas. As condições óptimas de armazenamento são entre 14 e 16^0 C, num local fresco e com humidade elevada. O armazenamento a uma temperatura inferior a 10^0 C pode causar lesões por arrefecimento e a uma temperatura superior a 16^0 C pode levar a uma perda de peso excessiva e ao aparecimento de rebentos (Lerner, 2001).

2.9 PROPRIEDADES NUTRICIONAIS

A batata-doce é uma importante cultura alimentar de base na Nigéria (FAO, 2002; Tewe *et al.*, 2003; Ukpabi, 2009). É uma das culturas de raízes amiláceas que são geralmente consumidas no país como um alimento energético. A batata-doce é geralmente consumida sem transformação especial. Ojeniyi e Tewe (2001) referiram que os tubérculos e as folhas nutritivos foram adquiridos a partir do valor aberto dos tubérculos de batata-doce em termos de teor de hidratos de carbono e, por conseguinte, de boa fonte de energia. O tubérculo fresco é cozido, assado, cozido ou frito como batatas fritas, que podem ser vendidas como snacks ou salgadas e consumidas como batatas fritas na maior parte da Nigéria. Os tubérculos cozidos são cortados, secos ao sol e vendidos como "kambar" no Estado de Plateau, no centro-norte da Nigéria (Namo e Akinbola, 2016) Tabela 1.

Quadro 1: Composição nutricional da batata-doce

Characteristics	Sweet potato tuber
Dry matter (% FW)	19-40
Starch (%FW)	6-20
Total sugars (%FW)	1.5-5.0
Protein (% FW)	1.5-2.5
Lipids (% FW)	0.5-6.5
Ash (% FW)	1.0
Energy (KJ/100g)	490
Beta-carotene (ug/100g)	0-30,000
Vitamin A (ug RAE/ 100g FW)	0-2500
	(300-1200)
Vitamin C (mg/100g FW)	22-35
Iron (mg/100g)	0.19-0.65
Zinc (mg/100g)	0.09-0.46
Vitamin B1 (mg/100g)	0.078
Vitamin B2 (mg/100g)	0.061
Vitamin B3 (mg/100g)	0.557
Vitamin B5 (mg/100g)	0.800
Vitamin B6 (mg/100g)	0.209
Vitamin E (mg/100g)	0.26
Vitamin K (mg/100g)	1.8
Calcium (mg/100g)	30
Anti-nutritional factors	Trypsin inhibitors
Starch Extraction Rate (% FW)	10-15
Starch Grain Size (microns)	2-42
Amylose (% total Starch)	8-32
Gelatinization temp. (°C)	58-85

Fonte: Stathers *et al.*, 2013

A comparação nutricional dos nutrientes da batata-doce de polpa alaranjada, de polpa amarela e de polpa branca é apresentada no Quadro 2 abaixo.

Quadro 2: Composição nutricional das variedades de batata-doce de polpa alaranjada, amarela e branca.

Nutrients	Units/100 g	Orange fleshed raw roots	Yellow fleshed raw roots	White fleshed raw roots
Vitamin A (RAE)	µg	727	150	3
Iron	mg	0.61	0.61	0.61
Zinc	mg	0.3	0.3	0.3
Thiamine (B1)	mg	0.078	0.078	0.078
Riboflavin (B2)	mg	0.061	0.061	0.061
Niacin (B3)	mg	0.557	0.557	0.557
Vitamin B6	mg	0.209	0.209	0.209
Folate (total)	µg	14	14	14
Vitamin E	mg	0.26	0.26	0.26
Vitamin C	mg	22.7	22.7	22.7
Protein	g	1.57	1.57	1.57
Fibre	g	3	3	3

Fonte: Stathers *et al.*, 2013

O quadro mostra que as três variedades têm nutrientes iguais, exceto a vitamina A. Das três variedades, a raiz crua da batata-doce de polpa alaranjada contém uma quantidade elevada de vitamina A (727 pg/100 g) em comparação com a raiz crua de polpa amarela (150 pg/100 g) e a raiz crua de polpa branca (3 pg/100 g).

Em base de matéria seca, a composição de nutrientes não hidratos de carbono das raízes tuberosas comestíveis inclui o seguinte: 1,4 a 8,6 % de proteínas, 3,4 a 5,9 % de fibra bruta, 0,3 a 1,9 % de lípidos e 1,5 a 6,3 % de cinzas (Degras, 2003). Sabe-se que o pigmento provitamina A, p-caroteno (um precursor alimentar da vitamina A) é responsável pela coloração amarela a laranja da polpa das raízes tuberosas de algumas variedades de batata-doce (Degras, 2003; Rodriguez-Amaya e Kimura, 2004).

Na Nigéria, a maioria das variedades autóctones de batata-doce tem raízes de polpa branca com uma quantidade negligenciável do pigmento pró-vitamina A. No entanto, Ijeh e Ukpabi (2004) referiram que uma popular variedade local de polpa amarela (conhecida como Ex-Igbariam) tem uma quantidade apreciável mas relativamente limitada de P-caroteno (3 pg/g de amostra de raiz fresca). Os investigadores têm, portanto, defendido a necessidade de um aumento na produção e consumo da batata-doce de polpa alaranjada (Stathers *et al.*, 2013).

2.10 IMPORTÂNCIA ECONÓMICA

A batata-doce serve como fonte de alimento para o homem. Todas as variedades de batata-doce são boas fontes de vitaminas C, E e K, bem como de várias vitaminas do complexo B, mas apenas a batata-doce de polpa alaranjada (OFSP) tem pró-vitamina A. A OFSP, como alimento básico, tem uma vantagem sobre a maioria dos vegetais. Pode fornecer quantidades significativas de vitamina A e energia em simultâneo - ajudando assim a combater a deficiência de vitamina A e a subnutrição. A BDPA é um exemplo de uma cultura biofortificada, em que o estado dos micronutrientes dos alimentos básicos é melhorado através do melhoramento de plantas até ao ponto em que o impacto no estado dos micronutrientes pode ser alcançado (CIP, 2011).

A batata-doce de polpa alaranjada está agora a ser utilizada em África para combater a deficiência generalizada de vitamina A em 250.000 - 500.000 crianças. Cerca de dois terços das crianças que desenvolvem xeroftalmia, resultante da falta de vitamina A, morrem no prazo de um ano após terem perdido a visão. A estratégia de aumentar o consumo de batata-doce de polpa alaranjada ajuda a aliviar a deficiência de vitamina A (Anderson *et al.*, 2007; CIP, 2011).

Parle (2015) referiu que os tubérculos de batata-doce são utilizados na produção de amido e de álcool industrial. A planta pode ser utilizada como forragem para animais. A batata-doce também é utilizada no tratamento de tumores da garganta e da boca, febre, branqueamento, catarro e diarreia. As decocções das folhas de batata-doce podem ser utilizadas como afrodisíaco, adstringente, demulcente, energizante, laxante e fungicida (Parle, 2015; Hiroshi *et al.*, 2000).

George Washington Carver desenvolveu 118 produtos a partir da batata-doce, incluindo cola para selos postais e amido para tecidos de algodão, e uma alternativa ao xarope de milho (Parle, 2015).

CAPÍTULO TRÊS

MATERIAIS E MÉTODOS

3.1   SÍTIO EXPERIMENTAL

A investigação foi efectuada no campo e no laboratório. A experiência de campo foi efectuada na Sub-Estação de Batata do National Root Crops Research Institute (NRCRI), Kuru, Plateau State (Latitude 09° 44'N, Longitude 08° 47'E, Altitude 1.293,3 m acima do nível do mar). As análises laboratoriais foram efectuadas no laboratório de bioquímica do National Veterinary Research Institute (NVRI), Kuru, Plateau State, e no Sheda Science and Technology Complex (SHESTCO), Sheda, Abuja.

3.2   ANÁLISE DO SOLO

Foram colhidas amostras compostas de solo do local experimental na profundidade de 0 a 30 cm antes da plantação, utilizando um trado de solo. A amostra de solo foi analisada quanto à textura, pH, azoto total, carbono orgânico, fósforo, potássio e tamanho das partículas (areia, silte e argila), percentagem de argila, percentagem de silte, percentagem de areia e classe textural. As propriedades físico-químicas da amostra de solo são apresentadas no Quadro 3.

Quadro 3: Propriedades físico-químicas do solo superficial do sítio experimental.

Property	Value
Texture class	Sandy loam
Ph	5.9
Organic carbon (g kg^{-1})	8.7
Total Nitrogen (g kg^{-1})	2.6
Available Phosphorus (mg kg^{-1})	13.82
Exchangeable bases (cmol kg^{-1})	
Calcium	4.33
Magnesium	1.24
Potassium	0.36
Sodium	2.24
Cation exchange capacity (CEC)	10.52

Fonte: Instituto Nacional de Investigação de Culturas Radiculares (NRCRI), Kuru, Estado do Planalto.

3.3 MATERIAL DE PLANTAÇÃO

Doze (12) clones de batata-doce de polpa alaranjada foram obtidos no National Root Crops Research Institute (NRCRI), Umudike, Estado de Abia. Estes foram designados como:

1. F2M5/3

2. Ng - Jay

3. MD

4. F1M1/4

5. ELINDA

6. ALMA

7. AI2IB

8. TIS 87/0087/08

9. KWARA/00

10. F1M4/11

11.SOLO - 1/100

12.SOLO - 1/144

3.4 Conceção experimental

Os clones foram dispostos em um delineamento em blocos completos casualizados

(DBCR) com quatro repetições. A quarta repetição foi utilizada para os estudos de

análise de crescimento.

3.5 Preparação do terreno e plantação

O amontoamento e o mapeamento das parcelas foram efectuados manualmente a 6 de julho

de 2016. O tamanho líquido da parcela foi de 3 m x 3 m (9 m^2)e o tamanho bruto da parcela

foi de 48 m x 17 m (816 m^2).

A plantação foi efectuada a 7 de julho de 2016. Para cada clone, foram semeadas 30 estacas

em cada parcela, com espaçamento inter e intra-linha de 1 m e 0,3 m, respetivamente,

perfazendo um total de 33.333 plantas por hectare.

O fertilizante (NPK 15:15:15) foi aplicado a 400 kg/ha (0,56 kg por parcela); quatro semanas

após a plantação (WAP) (Alleman, 2004).

As parcelas foram mondadas manualmente aos 31 e 66 dias após a plantação (DAP) e depois

foram arrancadas à terra aos 67 DAP.

3.6 OBSERVAÇÕES NO TERRENO E RECOLHA DE DADOS

As observações de campo e a recolha de dados foram efectuadas aos 45, 90 e 120 dias após a plantação (DAP).

3.6.1 Percentagem de estabelecimento

O número de plantas que se estabeleceram foi contado 15 dias após a plantação. A percentagem de estabelecimento foi calculada da seguinte forma

$$\text{Percentage establishment} = \frac{\text{Number of cuttings established}}{\text{Total number of cuttings planted}} \times 100$$

3.6.2 Comprimento do pecíolo

O comprimento do pecíolo foi medido aos 80 DAP e aos 120 DAP. Foi recolhida uma amostra de uma planta de cada parcela, da qual foram medidos os comprimentos dos pecíolos de cinco folhas, desde o pedúnculo até à copa, utilizando uma fita métrica. O comprimento médio do pecíolo foi utilizado para a análise estatística.

3.6.3 Comprimento da videira

O comprimento das videiras foi medido aos 80 DAP e aos 120 DAP. Para o efeito, foram amostradas duas plantas de cada parcela e marcadas. Cada planta foi medida com uma fita métrica desde a base até à folha terminal. A média foi utilizada para a análise estatística.

3.6.4 Índice de área foliar (LAI)

O índice de área foliar foi medido utilizando o método do disco foliar (Namo,

2005).

O método envolve a remoção de folhas da planta amostrada de cada parcela, a determinação do peso seco total e da relação área/peso de uma subamostra retirada da massa de folhas com um punção de diâmetro conhecido. A área da secção transversal do punção utilizado neste estudo foi de 1,77 cm^2.

Foram retirados discos de filamentos de cada amostra e colocados em envelopes para secagem até peso constante numa estufa de extração de humidade a 100° C durante 48 horas. O resto das folhas, juntamente com os restos das folhas perfuradas, foram colocados em envelopes separados e secos à mesma temperatura e tempo. O índice de área foliar foi então calculado utilizando a fórmula:

$$LAI = \frac{\text{Area of 1 disc X No of discs X Total leaf dry weight}}{\text{Dry weight of leaf discs}} / \text{Land area occupied by sampled plant}$$

3.6.5 Data da floração

A data da floração foi registada como o número de dias desde a plantação até ao início da floração em cada parcela.

3.6.6 Taxa de crescimento relativo (RGR)

A taxa de crescimento relativo foi calculada com base no aumento do peso seco das partes da planta durante um período fixo, utilizando a fórmula:

$$RGR = \frac{\ln W_2 - \ln W_1}{t_2 - t_1}$$

Onde: W1 e W2 = Peso seco total nos tempos t1 e t_2.

3.6.7 Taxa de assimilação líquida

A taxa de assimilação líquida, definida como a taxa de aumento do peso seco por unidade de área foliar, foi calculada a partir dos dados obtidos sobre o peso seco das plantas, utilizando o método proposto por Gregory (1918), citado por Namo (2005).

$$NAR = \frac{W_2 - W_1}{t_2 - t_1} \times \frac{Log_e L_2 - Log_e L_1}{L_2 - L_1}$$

Onde: W_1 e W_2 são os pesos secos totais das partes colhidas nos momentos t_1 e t_2, respetivamente; L_1 e L_2 são a área foliar em t_1 e t_2.

3.7 Acumulação e distribuição de matéria seca

A matéria seca total acumulada ao longo do tempo e a sua distribuição percentual pelas diferentes partes (folhas, caules e raízes) foram calculadas em cada colheita.

3.8 COLHEITA

As plantas foram colhidas aos 120 DAP e os seguintes parâmetros foram avaliados:

3.9.1 Contagem de stands na colheita

Na colheita, foi contado e registado o número total de plantas em cada parcela.

3.9.2 Número médio de tubérculos por planta

O número total de tubérculos colhidos em cada parcela foi dividido pelo número de plantas no momento da colheita para obter o número médio de tubérculos por planta.

3.9.3 Rácio Raiz-Topo (RTR)

Após a colheita, as videiras (topo) e os tubérculos (raiz) de cada parcela foram pesados separadamente. A relação entre o peso dos tubérculos e o peso das videiras foi calculada como a relação raiz-caule, utilizando a fórmula:

Root-top ratio = $\dfrac{\text{Weight of tubers}}{\text{Weight of vines}}$

3.9.4 Comprimento do tubérculo

Foram colhidas três (3) amostras de tubérculos de cada parcela; o comprimento de cada um foi medido com uma fita métrica.

3.9.5 Perímetro do tubérculo

Os tubérculos utilizados para a medição do comprimento foram também utilizados para a medição do perímetro do tubérculo. O perímetro do tubérculo foi medido na parte mais larga do tubérculo.

3.9.6 Índice de colheita

O índice de colheita (HI) foi calculado em cada data de amostragem de 45, 90 e 120 dias após o plantio da seguinte forma:

H.I. = $\dfrac{\text{Dry weight of tubers}}{\text{Total dry matter}}$

3.7.7 Teor de matéria seca (MS)

As amostras de tubérculos frescos foram retiradas dos tubérculos colhidos, pesadas e secas numa estufa de extração de humidade até peso constante a 100° C durante 48 horas. A percentagem de matéria seca (DM %) foi então calculada da seguinte forma:

DM% = $\dfrac{b}{a} \times 100$

em que a = peso fresco da amostra

b = peso seco da amostra.

3.7.8 Rendimento total de tubérculos

Todos os tubérculos colhidos em cada parcela foram pesados e o peso foi convertido para o equivalente em toneladas por hectare antes da análise.

3.8 ANÁLISE LABORATORIAL

3.8.1 Composição nutricional: Dez (10) gramas dos tubérculos recém-colhidos de cada um dos 12 clones foram levados para o laboratório para análise de nutrientes utilizando os métodos padrão da Association of Official Analytical Chemists (AOAC, 2000).

3.8.2 Teor de humidade: Dois (2) gramas de tubérculos foram retirados dos tubérculos colhidos em cada parcela, triturados e secos numa estufa de extração de humidade a 130° C até peso constante. O teor de humidade foi calculado como:

$$\text{Moisture Content} = \frac{\text{Fresh weight - dry weight}}{\text{Fresh weight}} \times 100$$

3.8.3 Teor de gordura: A determinação do teor de gordura foi efectuada pelo método da hidrólise ácida. Foram pesados dois (2) g de amostras e digeridos em ácido. Os digeridos foram depois transferidos para frascos Monjonnier

onde a gordura foi extraída com éteres. O extrato etéreo foi transferido para frascos previamente secos e pesados; o éter foi evaporado enquanto a gordura foi seca e pesada. O teor de matéria gorda foi então registado.

3.8.4 Teor de cinzas: As amostras preparadas foram pesadas em cadinhos de porcelana, que tinham sido pesados. As amostras foram transferidas para uma mufla e calcinadas a 550°C durante 8 horas. Os cadinhos foram deixados arrefecer em dessecadores e depois pesados; o teor de cinzas foi então registado.

3.8.5 Teor de proteínas: O teor de proteínas foi determinado pelo método Kjeldahl. Por este método, o N da proteína é convertido em digestão de sulfato de amónio. O sal, após destilação a vapor, liberta amoníaco, que é recolhido numa solução de ácido bórico e titulado com um ácido padrão. 1 ml de ácido 0,1 N equivale a 1,40 mg de N, pelo que se efectua um cálculo para obter o teor de N da amostra. Assume-se que o N é derivado da proteína que contém 16% de N, e multiplicando o valor de N por 100/16 ou 6,25, obtém-se um valor aproximado de proteína (AOAC, 2000).

3.8.6 Teor de hidratos de carbono totais: O teor total de hidratos de carbono foi de determinada pela diferença, portanto;

Hidratos de carbono totais = 100- (% de gordura + % de proteínas + % de humidade + % de cinzas).

3.8.7 Composição mineral: Os minerais analisados nas amostras foram o fósforo e o cálcio. Os teores de fósforo e cálcio foram determinados através de espetrofotometria UV e plasma indutivamente acoplado (ICP) de acordo com a AOAC (2000).

3.8.8 Beta-caroteno: O beta-caroteno foi determinado pelo método espetrofotométrico UV; o teor de caroteno em cada amostra foi estimado por extração com acetona-éter de petróleo seguida de medição espectrofotométrica. A extração de carotenóides foi realizada através da trituração da amostra de batata processada num almofariz e pilão, filtração através de um filtro de vidro sinterizado sob vácuo e separação da acetona em éter de petróleo. O eluente de petróleo ajustado a um volume específico foi lido a 450 nm num espetrofotómetro para determinar a concentração de carotenóides totais. Os resultados foram expressos em miligramas por 100 g de peso fresco (FW) (mg/100g).

3.9 ANÁLISE DE DADOS

Os dados recolhidos foram analisados através do teste de análise de variância (ANOVA) one-way. Foi utilizado o programa Statistical Package for Social Science (SPSS, versão 17.0). A separação das médias foi efectuada através do teste de Duncan's New Multiple-Range ao nível de 5% de probabilidade (Little e Hills, 1977).

A produção total de tubérculos foi correlacionada com o teor de humidade, fibra bruta, proteína bruta, gordura bruta, teor de cinzas, hidratos de carbono, cálcio e fósforo.

CAPÍTULO QUATRO

RESULTADOS

4.1 PERCENTAGEM DE ESTABELECIMENTO

A Tabela 4 mostra a percentagem de estabelecimento de alguns clones de batata-doce de polpa alaranjada cultivados em Vom em 2016. O clone SOUL teve a maior percentagem de estabelecimento (97,78%), que não diferiu significativamente dos clones F2M5/3, Ng - Jay, F1M1/4, TIS 87/0087/08, SOLO - 1/100 e SOLO - 1/144. O clone AI2IB apresentou a menor percentagem de estabelecimento, 30%.

Tabela 4: Percentagem de estabelecimento (%) de alguns clones de batata-doce de polpa alaranjada em Vom em 2016

Clone	Percentage Establishment*
F2M5/3	78.89^a
Ng – Jay	86.67^a
MD	37.78^c
F1M1/4	87.78^a
ELINDA	80.00^{ab}
SOUL	97.78^a
AI2IB	30.00^c
TIS 87/0087/08	82.22^a
KWARA/00	52.22^{bc}
F1M4/11	36.67^c
SOLO – 1/100	96.67^a
SOLO – 1/144	97.78^a
CV (%)	29.23

As médias seguidas da(s) mesma(s) letra(s) na mesma coluna não são significativamente diferentes ao nível de 5% de probabilidade (novo teste de intervalos múltiplos de Duncan).

*Os valores foram submetidos a uma transformação de arco-seno antes da análise e, em seguida, foram deformados.

4.2 COMPRIMENTO MÉDIO DO PECÍOLO

Aos 80 dias após a plantação (DAP), o clone MD produziu os pecíolos mais longos, que diferiram significativamente dos do clone ELINDA. O clone TIS 87/0087/08 produziu folhas com o pecíolo mais curto (quadro 5).

Aos 120 DAP, os pecíolos mais longos foram observados no clone MD. Os pecíolos mais curtos foram observados nos clones TIS 87/0087/08 (2,8 cm), que foram semelhantes aos dos clones SOLO - 1/100 (3,10 cm), SOUL (3,17 cm), AI2IB (3,25 cm), F1M1/4 (3,94 cm), SOLO-1/144 (3,99cm), F2M5/3(4,05 cm), Ng- Jay (4,20) e F1M4/11 (4,89 cm) (Tabela 5).

4.3 COMPRIMENTO MÉDIO DA VIDEIRA

Aos 80DAP, o clone F1M4/11 apresentava as videiras mais longas (119,4 cm), enquanto as videiras mais curtas foram observadas no clone TIS 87/0087/08 (35,3 cm).

Aos 120 DAP, as videiras mais longas foram observadas no clone F1M4/11 (185,17 cm), semelhantes às do clone MD (176,33 cm). As videiras mais curtas foram observadas no clone TIS 87/0087/08 (44,17 cm) (Tabela 5).

Quadro 5: Comprimento médio do pecíolo (cm) e comprimento médio da videira em alguns clones de batata-doce de polpa alaranjada aos 80 e 120 dias após a plantação

Clone	Petiole length (cm)		Vine Length (cm)	
	80	120	80	120
F2M5/3	3.62^{cd}	4.05^{bc}	54.11^{de}	71.17^{bcd}
Ng – Jay	3.49^{cd}	4.20^{bc}	52.00^{de}	60.50^{cd}
MD	7.16^{a}	7.82^{a}	114.44^{ab}	176.33^{a}
F1M1/4	3.38^{cd}	3.94^{bc}	54.55^{de}	64.67^{cd}
ELINDA	5.64^{ab}	5.78^{b}	90.99^{bc}	117.17^{bc}
SOUL	3.04^{cd}	3.17^{c}	69.00^{cd}	81.00^{bcd}
AI2IB	3.25^{cd}	3.25^{c}	59.89^{de}	90.67^{bcd}
TIS 87/0087/08	2.49^{d}	2.93^{c}	35.33^{e}	44.17^{d}
KWARA/00	4.46^{bc}	4.61^{c}	79.46^{cd}	123.67^{b}
F1M4/11	4.23^{bcd}	4.89^{bc}	119.40^{a}	185.17^{a}
SOLO – 1/100	2.76^{cd}	3.10^{c}	71.11^{cd}	93.17^{bcd}
SOLO – 1/144	2.74^{cd}	3.99^{bc}	52.11^{de}	70.50^{bcd}
CV (%)	23.81	27.84	24.63	29.58

As médias seguidas da(s) mesma(s) letra(s) na mesma coluna não são significativamente diferentes ao nível de 5% de probabilidade (novo teste de intervalos múltiplos de Duncan).

4.4   ÍNDICE DE ÁREA FOLIAR

A Tabela 6 mostra o índice de área foliar de alguns clones de batata-doce de polpa alaranjada em diferentes estágios de crescimento em Vom em 2016. O IAF aumentou com o tempo até aos 90 DAP e depois diminuiu em todos os clones.

Aos 45 DAP, o maior valor de LAI foi observado no clone SOLO - 1/144. O menor valor de LAI foi observado no MD durante o mesmo período.

Aos 90 DAP, os clones SOLO - 1/144 registaram o valor mais elevado de LAI, enquanto o F1M4/11 apresentou o valor mais baixo.

O clone F1M1/4 apresentou o menor valor de LAI aos 120 DAP, enquanto o maior valor de LAI foi observado em KWARA/00.

Tabela 6: Índice de área foliar em alguns clones de batata-doce de polpa alaranjada aos 45, 90 e 120 dias após o plantio (DAP) em Vom em 2016

Clone	Leaf Area Index (Days After Planting)		
	45	**90**	**120**
F2M5/3	0.57^{bc}	1.39^{abc}	0.40^{bcde}
Ng – Jay	0.58^{bc}	1.51^{abc}	0.27^{cde}
MD	0.17^{c}	1.21^{abc}	0.15^{de}
F1M1/4	0.53^{bc}	1.42^{abc}	0.11^{e}
ELINDA	0.36^{c}	0.95^{c}	0.17^{de}
SOUL	0.18^{c}	0.77^{c}	0.49^{bcde}
AI2IB	0.64^{abc}	0.84^{c}	0.77^{ab}
TIS 87/0087/08	1.20^{ab}	1.02^{bc}	0.68^{abc}
KWARA/00	0.80^{abc}	1.32^{abc}	1.05^{a}
F1M4/11	0.21^{c}	0.73^{c}	0.14^{de}
SOLO – 1/100	1.14^{ab}	2.01^{ab}	0.60^{abcd}
SOLO – 1/144	1.28^{a}	2.23^{a}	0.40^{bcde}
CV (%)	42.81	34.90	47.47

As médias seguidas da(s) mesma(s) letra(s) na mesma coluna não são significativamente diferentes ao nível de 5% de probabilidade (novo teste de intervalos múltiplos de Duncan).

4.5 DIAS ATÉ À FLORAÇÃO

O menor número de dias para a floração (52,7 DAP) foi observado no clone AI2IB, seguido pelo clone KWARA/00 (68,3 DAP).

Todos os outros clones não diferiram significativamente (p = 0,05) no número de dias para a floração (Quadro 7).

Tabela 7: Dias para a floração em alguns clones de batata-doce de polpa alaranjada em Vom em 2016

Clone	Days to flowering
F2M5/3	70.67^{bc}
Ng – Jay	82.33^{a}
MD	79.67^{a}
F1M1/4	79.00^{ab}
ELINDA	79.00^{ab}
SOUL	80.33^{a}
AI2IB	52.67^{d}
TIS 87/0087/08	75.00^{abc}
KWARA/00	68.33^{c}
F1M4/11	82.33^{a}
SOLO – 1/100	79.00^{ab}
SOLO – 1/144	82.00^{a}
CV (%)	6.31

As médias seguidas da(s) mesma(s) letra(s) na mesma coluna não são significativamente diferentes ao nível de 5% de probabilidade (novo teste de Duncan para intervalos múltiplos).

4.6   TAXA DE CRESCIMENTO RELATIVO (RGR)

A Tabela 8 mostra a Taxa de Crescimento Relativo de alguns clones de batata-doce de polpa alaranjada cultivados em Vom em 2016. A taxa de crescimento relativo diminuiu com o tempo até 120 DAP em todos os clones, exceto no F1M4/11.

Aos 45 DAP, o maior RGR foi observado no clone SOLO - 1/144 (5,83 gg^{-1} dia^{-1}), que não diferiu significativamente dos clones SOLO - 1/100 (5,76 gg^{-1} dia^{-} 1), KWARA/00 (5.62 gg^{-1} dia^{-1}), Ng - Jay (4.95 gg^{-1} dia^{-1}), TIS 78/0078/08 (4.83 gg^{-1} dia^{-1}), F1MI4 (4.78 gg^{-1} dia^{-1}) e F2M5/3 (4.65 gg^{-1} dia^{-1}), enquanto o clone MD foi o mais baixo com 2.66 gg^{-1} dia^{-1} .

Aos 90 e 120 DAP, a RGR observada em todos os clones não diferiu significativamente (P = 0,05).

Tabela 8: Taxa de crescimento relativo (gg⁻¹ dia⁻¹) (x10⁻²) de alguns clones de batata-doce de polpa alaranjada aos 45, 90 e 120 dias após o plantio (DAP) em Vom em 2016

Clone	Relative Growth Rate (Days After Planting)		
	45	90	120
F2M5/3	4.65^{abc}	2.07^{a}	0.28^{a}
Ng – Jay	4.95^{ab}	2.15^{a}	0.46^{a}
MD	2.66^{e}	2.42^{a}	0.50^{a}
F1M1/4	4.78^{abc}	2.55^{a}	0.81^{a}
ELINDA	3.21^{de}	2.69^{a}	1.36^{a}
SOUL	3.41^{cde}	3.09^{a}	1.57^{a}
AI2IB	4.37^{bcd}	3.23^{a}	1.74^{a}
TIS 87/0087/08	4.83^{ab}	3.31^{a}	1.90^{a}
KWARA/00	5.62^{ab}	3.47^{a}	2.20^{a}
F1M4/11	2.75^{e}	3.49^{a}	3.31^{a}
SOLO – 1/100	5.76^{ab}	4.31^{a}	3.31^{a}
SOLO – 1/144	5.83^{a}	5.16^{a}	3.36^{a}
CV (%)	13.88	44.29	9.10

As médias seguidas da(s) mesma(s) letra(s) na mesma coluna não são significativamente diferentes ao nível de 5% de probabilidade (novo teste de intervalos múltiplos de Duncan).

4.7   TAXA DE ASSIMILAÇÃO LÍQUIDA (NAR)

A taxa de assimilação líquida (NAR) diminuiu aos 90 DAP em todos os clones.

Depois disso, a TAL aumentou aos 120 DAP em todos os clones, exceto nos clones

F2M5/3, MD, ELINDA, F1M4/11, SOLO- 1/100 e SOLO- 1/144 (Quadro 9).

Aos 45 DAP, a menor NAR de 3,64 gm^{-2} semana⁻¹ foi observada no clone TIS

87/0087/08 e foi seguida pelo clone ELINDA (4,81gm^{-2} semana$^-$ 1). Todos os outros clones não diferiram significativamente (P = 0,05) na taxa de assimilação líquida.

Aos 90 DAP, o maior NAR foi observado no clone F1M4/11 (4,08 gm^{-2} semana^{-1}), enquanto o menor (0,61 gm^{-2} semana^{-1}) foi observado no clone TIS 87/0087/08. O maior NAR aos 120 DAP (4,99 gm^{-2} semana^{-1}) foi observado no clone F1M4/11; o menor NAR (0,28 gm^{-2} semana^{-1}) foi observado no clone KWARA/00 (Tabela 9).

Tabela 9: Taxa de assimilação líquida (TAL) (gm^{-2} semana^{-1}) (x10^{-3}) de alguns clones de batata-doce de polpa alaranjada em vários períodos de crescimento em Vom em 2016

Clone	Growth Stage (Days After Planting)		
	45	90	120
F2M5/3	6.79^{ab}	1.12^{ab}	1.33^{ab}
Ng – Jay	6.85^{ab}	1.64^{ab}	0.84^{b}
MD	7.09^{ab}	1.96^{ab}	2.19^{ab}
F1M1/4	6.89^{ab}	0.82^{b}	0.43^{b}
ELINDA	4.81^{b}	1.36^{ab}	1.85^{ab}
SOUL	10.79^{a}	2.79^{ab}	1.70^{ab}
AI2IB	5.15^{ab}	2.80^{ab}	1.53^{ab}
TIS 87/0087/08	3.64^{b}	0.61^{b}	0.33^{b}
KWARA/00	6.86^{ab}	1.94^{ab}	0.28^{b}
F1M4/11	6.05^{ab}	4.08^{a}	4.99^{a}
SOLO – 1/100	5.55^{ab}	0.96^{b}	1.44^{ab}
SOLO – 1/144	5.25^{ab}	0.93^{b}	1.69^{ab}
CV (%)	35.22	68.93	10.81

As médias seguidas da(s) mesma(s) letra(s) na mesma coluna não são significativamente diferentes ao nível de 5% de probabilidade (novo teste de intervalos múltiplos de Duncan).

4.8 ACUMULAÇÃO E DISTRIBUIÇÃO DE MATÉRIA SECA

O padrão de partição de MS em folhas, caules e tubérculos de alguns clones de batata-doce de polpa alaranjada em Vom em 2016 é mostrado na Tabela 10. No clone F2M5/3, a matéria seca acumulada nas folhas e nos caules aumentou com o tempo até 90 DAP e depois diminuiu aos 120 DAP. No entanto, a matéria seca total acumulada no clone F2M5/3 aumentou até 120 DAP. A matéria seca acumulada nas folhas foi maior do que no caule e nos tubérculos nas fases iniciais de crescimento. No entanto, nos últimos estágios de crescimento, mais matéria seca foi distribuída para os tubérculos do que para as folhas e o caule.

No clone Ng-Jay, a matéria seca total produzida aumentou com o tempo até 90 DAP e depois diminuiu aos 120 DAP. Mais matéria seca foi distribuída para as folhas e caule do que para os tubérculos nos estágios iniciais de crescimento. No final da estação de cultivo, mais matéria seca foi distribuída para os tubérculos (88,95 %) do que para as folhas (5,42 %) ou para o caule.

No clone MD, a proporção de matéria seca acumulada no tubérculo foi menor do que nas folhas e caules aos 45 e 120 DAP. Aos 120 DAP, mais matéria seca foi dividida nos tubérculos (71,5 %) do que nas folhas (15,32 %) ou no caule (13,18 %). A matéria seca total produzida aumentou de 3,37 g aos 45 DAP para 23,38 g aos 90 DAP, mas depois diminuiu para 9,17 g aos 120 DAP.

No clone FIMI/4, a matéria seca produzida nas folhas e no caule aumentou até 90 DAP e depois diminuiu. Nos tubérculos, a matéria seca aumentou de 1,68 g aos 45 DAP para 16,63 g aos 120 DAP. A matéria seca total produzida no clone aumentou de 8,68 g aos 45 DAP para 22,54 g aos 90 DAP. Mais matéria seca foi distribuída para as folhas e caule do que para os tubérculos nos estágios iniciais de crescimento. No final da estação de cultivo, mais matéria seca foi dividida para os tubérculos do que para as folhas e o caule.

No clone ELINDA, a matéria seca acumulada nas folhas e no caule aumentou com o tempo até 90 DAP e depois diminuiu aos 120 DAP. No entanto, a matéria seca acumulada nos tubérculos aumentou com o tempo até 120 DAP. Da mesma forma, a matéria seca total acumulada no clone aumentou até 90 DAP e depois diminuiu aos 120 DAP. Mais matéria seca foi dividida nas folhas e no caule do que nos tubérculos nos estágios iniciais de crescimento. Esta tendência inverteu-se no final da estação de cultivo.

A proporção de matéria seca nas folhas e nos caules aumentou com o tempo no clone SOUL; a matéria seca dividida nos tubérculos aumentou até 120 DAP. A matéria seca total acumulada no clone também aumentou até 120 DAP.

No clone AI2IB, a matéria seca total produzida aumentou de 7,37 g aos 45 DAP para 40,61 g aos 90 DAP; depois disso, foi reduzida para 37,14 g aos 120 DAP. Nos estágios iniciais de crescimento, mais matéria seca foi dividida entre as folhas e o caule do que entre os tubérculos. No entanto, no final da estação de crescimento, 67,28% da matéria seca total produzida foi distribuída para os tubérculos, enquanto apenas 14,22% e 18. 50 % foram distribuídos pelas folhas e pelos caules, respetivamente.

No clone TIS. 87/0087/08, a matéria seca acumulada nas folhas aumentou de 4,45 g aos 45 DAP para 6,88 g aos 90 DAP, e depois diminuiu (5,03 g) aos 120 DAP.

Da mesma forma, a matéria seca total aumentou até 120 DAP. Mais matéria seca foi dividida nas folhas e no caule do que nos tubérculos nos estágios iniciais de crescimento; este padrão foi invertido no final da estação de crescimento, já que mais matéria seca foi dividida nos tubérculos do que nas folhas e nos caules.

A percentagem de acumulação de matéria seca nas folhas diminuiu de 48,57 % aos 45 DAP para 22,90 % aos 120 DAP no clone KWARA/00. Da mesma forma, a percentagem de acumulação de matéria seca no caule diminuiu de 21,86 % aos 45 DAP para 12,30 % aos 120 DAP. Por outro lado, a acumulação de matéria seca nos tubérculos aumentou de 29,57 % aos 45 para 64,80 % aos 120 DAP.

No clone, F1M4/11, a matéria seca total produzida aumentou de 3,45 g aos 45 DAP para 36,70 g aos 90 DAP e depois diminuiu para 23,79 g aos 120 DAP. A mesma tendência foi observada nas folhas, caules e tubérculos. A proporção de matéria seca nas folhas e nos caules foi mais elevada do que nos tubérculos nas fases iniciais de crescimento. Nas fases posteriores, no entanto, mais matéria seca foi dividida nos tubérculos (75,5 %) do que nas folhas (5,8 %) ou no caule (18,7 %).

No clone SOLO - 1/100, a matéria seca total acumulada aumentou com o tempo até 120 DAP. A proporção de matéria seca foi maior nas folhas e caules do que nos tubérculos nos estágios iniciais de crescimento. No final da estação de crescimento, mais matéria seca foi dividida nos tubérculos (69,7 %) do que nas folhas (15,28 %) ou no caule (15,02 %).

No clone SOLO - 1/144, a percentagem de matéria seca nas folhas diminuiu de 53,46 g aos 45 DAP para 26,65 g aos 120 DAP. Da mesma forma, a proporção de matéria seca no caule diminuiu de 28,10 % aos 45 DAP para 5,02 % aos 120 DAP. A proporção de matéria seca nos tubérculos aumentou de 18,44 % aos 45 DAP para 68,33 % aos 120 DAP. A matéria

seca total produzida no clone aumentou de 13,88 g aos 45 DAP para 43,49 g aos 90 DAP;

depois disso, diminuiu para 19,37 g aos 120 DAP.

Quadro 10: Efeito dos clones na acumulação de matéria seca e na repartição em partes da planta de doze clones de batata-doce de polpa alaranjada cultivados em Vom em 2016

Clone	LEAVES (g)			STEM (g)			TUBER (g)			Total DM (g)		
				Growth Stage (Days After Planting)								
	45	90	120	45	90	120	45	90	120	45	90	120
F2M5/3	5.18	13.77	4.26	1.48	5.33	2.56	1.53	8.16	22.42	8.19	27.27	29.24
	(63.25)	(50.50)	(14.57)	(18.07)	(19.55)	(8.76)	(18.68)	(29.95)	(76.67)			
Ng – Jay	4.53	10.67	1.81	2.24	7.45	1.88	2.61	21.45	29.68	9.37	39.57	33.37
	(48.25)	(26.96)	(5.42)	(23.91)	(18.83)	(5.63)	(27.84)	(54.21)	(88.95)			
MD	1.85	9.36	1.41	0.61	9.72	1.21	0.92	4.31	6.56	3.37	23.38	9.17
	(54.80)	(40.03)	(15.32)	(18.00)	(41.57)	(13.18)	(27.20)	(18.40)	(71.50)			
F1M1/4	4.95	14.72	1.26	2.05	4.92	1.61	1.68	2.91	16.63	8.68	22.54	19.50
	(57.03)	(65.30)	(6.46)	(23.62)	(21.80)	(8.26)	(19.35)	(12.90)	(85.28)			
ELINDA	2.17	10.57	2.42	1.58	4.50	4.10	0.60	4.84	4.94	4.35	19.92	11.47
	(49.89)	(53.06)	(21.18)	(36.32)	(22.59)	(35.75)	(13.79)	(24.35)	(43.07)			
SOUL	2.03	8.27	7.82	1.18	8.28	9.27	1.41	8.17	20.98	4.63	24.72	38.08
	(43.86)	(33.45)	(20.53)	(25.49)	(33.50)	(24.38)	(30.65)	(33.05)	(55.09)			
AI2IB	4.23	7.43	5.28	2.06	7.98	6.87	1.07	25.21	24.98	7.37	40.61	37.14
	(57.49)	(18.30)	(14.22)	(27.99)	(19.65)	(18.50)	(14.52)	(62.05)	(67.28)			
TIS 87/0087/08	4.45	6.88	5.03	2.93	3.94	4.26	1.60	12.69	15.09	8.98	23.51	24.38
	(49.55)	(29.26)	(20.63)	(32.63)	(16.76)	(17.48)	(17.82)	(53.98)	(61.89)			
KWARA/00	6.11	22.08	10.97	2.75	8.16	5.89	3.72	20.16	31.04	12.58	50.40	47.90
	(48.57)	(43.81)	(22.90)	(21.86)	(16.19)	(12.30)	(29.57)	(40.00)	(64.80)			
F1M4/11	1.76	9.55	1.38	1.02	8.97	4.45	0.67	18.18	17.97	3.45	36.70	23.79
	(51.01)	(26.02)	(5.80)	(29.57)	(24.44)	(18.70)	(19.42)	(49.54)	(75.50)			
SOLO – 1/100	8.51	18.53	6.44	3.70	8.33	6.34	1.98	12.87	29.37	14.19	39.73	42.14
	(59.97)	(46.64)	(15.28)	(26.07)	(20.97)	(15.02)	(13.96)	(32.39)	(69.70)			
SOLO – 1/144	7.42	21.24	5.16	3.90	6.11	0.97	2.56	16.14	13.23	13.88	43.49	19.37
	(53.46)	(48.83)	(26.65)	(28.10)	(14.05)	(5.02)	(18.44)	(37.12)	(68.33)			
SE ±	0.64	1.54	0.87	0.30	0.56	0.75	0.26	2.13	2.50	1.11	2.94	3.50

Os números entre parênteses são a distribuição percentual da matéria seca em cada parte da planta em relação à matéria seca total acumulada em cada clone em cada data de amostragem.

4.9   CONTAGEM DE POVOAMENTOS NA COLHEITA

O maior número de plantas na colheita foi observado nos clones SOLO - 1/100 e SOLO - 1/144, mas não diferiu significativamente dos clones F2M5/3, Ng - Jay, F1M1/4, ELINDA, SOUL e TIS 87/0087/08, com médias de 18,7, 19,3, 20,0, 17,3, 25,0 e 18,0, respetivamente. O menor número de estandes na colheita foi observado no clone MD (6,00) (Tabela 11).

4.10   NÚMERO MÉDIO DE TUBÉRCULOS POR PLANTA

A Tabela 11 mostra o número médio de tubérculos por planta em alguns clones de batata-doce de polpa alaranjada cultivados em Vom em 2016. O clone F2M5/3 produziu o maior número de tubérculos por planta (6,7), enquanto o clone ELINDA produziu o menor número de tubérculos por planta (1,7). O número de tubérculos por planta produzidos nos clones F2M5/3, Ng - Jay, KWARA/00, SOLO - 1/100 e SOLO - 1/144 não diferiu significativamente (P = 0,05).

Tabela 11: Contagem média de estande e número médio de tubérculos por planta na colheita em alguns clones de batata-doce de polpa alaranjada em Vom em 2016

Clone	Stand count	Tuber No/ per plant
F2M5/3	18.67^{ab}	6.67^{a}
Ng – Jay	19.33^{ab}	4.33^{abc}
MD	6.00^{e}	2.33^{c}
F1M1/4	20.00^{ab}	3.67^{bc}
ELINDA	17.33^{abcd}	1.67^{c}
SOUL	25.00^{a}	2.67^{c}
AI2IB	8.33^{cde}	2.67^{c}
TIS 87/0087/08	18.00^{abc}	3.33^{bc}
KWARA/00	12.00^{bcde}	4.00^{abc}
F1M4/11	7.67^{de}	2.00^{c}
SOLO – 1/100	25.33^{a}	6.00^{ab}
SOLO – 1/144	25.33^{a}	4.00^{abc}
CV (%)	29.31	39.17

As médias seguidas da(s) mesma(s) letra(s) na mesma coluna não são significativamente diferentes ao nível de 5% de probabilidade (novo teste de Duncan para intervalos múltiplos).

4.11 RELAÇÃO RAIZ-CAULE

O maior índice de enraizamento, de 3,93, foi observado no clone Ng - Jay, que não diferiu significativamente dos clones SOLO - 1/100 e SOLO - 1/144, com índice de enraizamento de 2,23 e 3,28, respetivamente. A menor razão raiz-topo de 0,69 foi observada no clone AI2IB, que foi similar aos clones F2M5/3, MD, F1M1/4, ELINDA, SOUL, TIS 87/0087/08, KWARA/00, F1M4/11 e SOLO-1/144 (Tabela 12).

4.12 COMPRIMENTO MÉDIO DOS TUBÉRCULOS

A Tabela 12 mostra o comprimento médio dos tubérculos de alguns clones de batata-doce de polpa alaranjada cultivados na Vom em 2016. Os clones SOLO - 1/144 (22,38 cm), TIS87/0087/08 (19,1 cm), F1M1/4 (17,8 cm), A121B (17,3 cm), F2M5/3 (17,3 cm), SOLO-1/100 (17,1 cm), F1M4/11 (16,6 cm), Ng-Jay (16,2 cm) e SOUL (16,1 cm) produziram tubérculos estatisticamente semelhantes em comprimento. O clone ELINDA produziu tubérculos com o menor comprimento de 11,9 cm.

4.13 PERÍMETRO MÉDIO DO TUBÉRCULO

A maior circunferência do tubérculo (17,9 cm) foi observada no clone Ng - Jay, que foi semelhante à circunferência do tubérculo nos clones SOLO - 1/144 (17,4 cm), F2M5/3 (13,6 cm), MD (15,0 cm), F1M1/4 (13,9 cm), SOUL (13,6 cm), AI2IB (14,8 cm), TIS 87/0087/08 (13,7 cm) e SOLO - 1/100 (14,4 cm). A menor circunferência do tubérculo (10,4 cm) foi observada no clone F1M4/11 (10,7 cm), que foi semelhante à do clone KWARA/00 (11,1 cm) (Quadro 12).

Quadro 12: Rácio raiz-caule, comprimento médio dos tubérculos (cm) e perímetro médio dos tubérculos (cm) em alguns clones de batata-doce de polpa alaranjada em Vom em 2016

Clone	Root-top ratio	Tuber Length (cm)	Tuber girth (cm)
F2M5/3	1.93^{bc}	17.27^{abc}	13.60^{ab}
Ng – Jay	3.93^{a}	16.21^{abc}	17.91^{a}
MD	1.38^{c}	15.76^{bc}	14.99^{ab}
F1M1/4	1.37^{c}	17.80^{abc}	13.92^{ab}
ELINDA	1.56^{bc}	11.88^{c}	10.35^{b}
SOUL	1.07^{c}	16.13^{abc}	13.59^{ab}
AI2IB	0.69^{c}	17.31^{abc}	14.78^{ab}
TIS 87/0087/08	1.34^{c}	19.09^{ab}	13.68^{ab}
KWARA/00	1.50^{bc}	14.37^{bc}	11.05^{b}
F1M4/11	1.21^{c}	16.59^{abc}	10.71^{b}
SOLO – 1/100	2.23^{abc}	17.12^{abc}	14.44^{ab}
SOLO – 1/144	3.28^{ab}	22.38^{a}	17.41^{a}
CV (%)	55.30	19.59	18.49

As médias seguidas da(s) mesma(s) letra(s) na mesma coluna não são significativamente diferentes ao nível de 5% de probabilidade (novo teste de intervalos múltiplos de Duncan).

4.14 TEOR DE MATÉRIA SECA

A Tabela 13 mostra o teor de matéria seca de alguns clones de batata-doce de polpa alaranjada cultivados na Vom em 2016.

O maior teor de matéria seca (41,64%) foi observado no clone SOLO - 1/100, que foi semelhante ao teor de matéria seca nos clones SOLO - 1/144 (30.78 %), Ng - Jay (31.09),F2M5/3 (33.1 %),F1M4/11 (25.07 %), ELINDA (35.89 %), MD (25.45 %), F1M1/4

(28.19 %), SOUL (35.59 %), KWARA/00 (34.59%) e AI2IB (30.09 %).

O teor de matéria seca mais baixo, de 20,12 %, foi observado no clone TIS 87/0087/08 (quadro 13).

Quadro 13: Teor de matéria seca de alguns clones de batata-doce de polpa alaranjada em Vom em 2016

Clone	Dry matter content (%)
F2M5/3	33.05 [ab]
Ng – Jay	31.09 [ab]
MD	25.45 [ab]
F1M1/4	28.19 [ab]
ELINDA	35.89 [ab]
SOUL	35.59 [ab]
AI2IB	30.09 [ab]
TIS 87/0087/08	20.12 [b]
KWARA/00	34.59 [ab]
F1M4/11	25.07 [ab]
SOLO – 1/100	41.64 [a]
SOLO – 1/144	30.78 [ab]
CV (%)	27.66

As médias seguidas da(s) mesma(s) letra(s) na mesma coluna não são significativamente diferentes ao nível de 5% de probabilidade (novo teste de intervalos múltiplos de Duncan).

A Tabela 14 mostra o índice de colheita de alguns clones de batata-doce de polpa alaranjada aos 45, 90 e 120 dias após o plantio (DAP) em Vom em 2016. O índice de colheita aumentou com o tempo até os 120 DAP em todos os clones estudados, exceto F1M1/4. Aos

45 DAP, o maior índice de colheita foi observado no clone SOUL (0,31), seguido pelos clones KWARA/00 (0,30), 0,29), F2M5/3 (0,20), F1M4/11 (0,20), SOLO - 1/144 (0,19), F1M1/4 (0,19) e TIS.87/0087/08 (0,18). O menor índice de colheita, de 0,14, foi observado nos clones ELINDA e AI2IB.

Aos 90 DAP, o clone Ng-Jay teve o maior índice de colheita de 0,54, seguido pelos clones TIS. 87/0087/08 (0,53) e F1M4/11 (0,49), AI2IB (0,47), KWARA/00 (0,40), SOLO - 1/144 (0,37), SOLO - 1/100 (0,33), SOUL (0,32) F2M5/3 (0,30) e ELINDA (0,23). O índice de colheita mais baixo, de 0,13, foi observado no clone F1M1/4.

Aos 120 DAP, o índice de colheita mais alto, de 0,87, foi observado no clone Ng-Jay, seguido pelos clones F1M1/4 (0,86), F2M5/3 (0,75), MD (0,69), KWARA/00 (0,66), TIS.87/0087/08 (0,63), AI2IB (0,53), F1M4/11 (0,52), SOUL (0,52), SOLO - 1/100 (0,68) e SOLO - 1/144 (0,57).

Tabela 14: Índice de colheita em alguns clones de batata-doce de polpa alaranjada aos 45, 90 e 120 dias após a plantação (DAP) em Vom em 2016

Clone	Harvest Index(Days After Planting)		
	45	**90**	**120**
F2M5/3	0.20^{abc}	0.30^{abc}	0.75^{ab}
Ng – Jay	0.29^{abc}	0.54^{a}	0.87^{a}
MD	0.29^{abc}	0.18^{bc}	0.69^{ab}
F1M1/4	0.19^{abc}	0.13^{c}	0.86^{a}
ELINDA	0.14^{c}	0.23^{abc}	0.42^{b}
SOUL	0.31^{a}	0.32^{abc}	0.52^{ab}
Al2IB	0.14^{c}	0.47^{ab}	0.53^{ab}
TIS 87/0087/08	0.18^{abc}	0.53^{a}	0.63^{ab}
KWARA/00	0.30^{ab}	0.40^{abc}	0.66^{ab}
F1M4/11	0.20^{abc}	0.49^{ab}	0.52^{ab}
SOLO – 1/100	0.16^{bc}	0.33^{abc}	0.68^{ab}
SOLO – 1/144	0.19^{abc}	0.37^{abc}	0.57^{ab}
CV (%)	29.65	38.72	25.90

As médias seguidas da(s) mesma(s) letra(s) na mesma coluna não são significativamente diferentes ao nível de 5% de probabilidade (novo teste de intervalos múltiplos de Duncan).

4.16 RENDIMENTO TOTAL DE TUBÉRCULOS

A Tabela 15 mostra o rendimento total de tubérculos de alguns clones de batata-doce de polpa alaranjada cultivados em Vom em 2016. O maior rendimento total de tubérculos de 8,2 t/ha foi observado no clone Ng-Jay, mas não diferiu significativamente do clone SOLO-1/100 (6,9 t/ha), SOLO-1/144 (6,1 t/ha) e F2M5/3 (6,0 t/ha). O rendimento total de tubérculos mais baixo, de 2,1 t/ha, foi observado no clone ELINDA.

Tabela 15: Rendimento total de tubérculos (t/ha) em alguns clones de batata-doce de polpa alaranjada em Vom em 2016

Clone	Total Tuber Yield (t/ha)
F2M5/3	5.99^{ab}
Ng – Jay	8.18^{a}
MD	2.51^{c}
F1M1/4	3.37^{bc}
ELINDA	2.08^{c}
SOUL	2.65^{c}
AI2IB	2.46^{c}
TIS 87/0087/08	3.56^{bc}
KWARA/00	3.35^{bc}
F1M4/11	2.33^{c}
SOLO – 1/100	6.90^{a}
SOLO – 1/144	6.10^{ab}
CV (%)	42.13

As médias seguidas da(s) mesma(s) letra(s) na mesma coluna não são significativamente diferentes ao nível de 5% de probabilidade (novo teste de intervalos múltiplos de Duncan).

4.17 COMPOSIÇÃO NUTRICIONAL

A Tabela 16 mostra os resultados da composição nutricional de alguns clones de batata-doce de polpa alaranjada cultivados na Vom em 2016. O valor mais elevado de hidratos de carbono totais (65,2 g/100 g) foi observado no clone SOLO-1/100, mas não diferiu significativamente dos clones SOLO-1/144 (60,7 g/100 g) e F1M4/11 (56,6 g/100 g).

O teor de cinzas mais elevado, de 1,98 g/100 g, foi observado no clone SOLO-1/144, que era semelhante aos clones F2M5/3 (1,1 g/100 g) e F1M4/11 (0,98 g/100 g). O teor de humidade mais elevado, de 67,3 %, foi observado no clone ELINDA, que diferiu significativamente dos clones SOLO-1/100 (29,2 %), SOLO-1/144 (31,5 %) e F1M4/11 (37,4 %).

O teor de proteínas foi mais elevado no clone SOUL (3,8 g/100 g), seguido pelos clones F2M5/3 (3,1 g/100 g), KWARA/00 (3,1 g/100 g), TIS87/0087/08 (2,9 g/100 g), AI2IB (2,7 g/100 g) e F1M4/11 (2,7 g/100 g). O teor proteico mais baixo, de 1,56 g/100 g, foi observado no clone ELINDA.

O teor mais elevado de fibra bruta de 3,0 g/ 100 g foi observado no clone TIS 87/0087/08, mas este difere significativamente dos outros clones. O clone SOLO-1/144 apresentou o maior teor de gordura de 1,0 g/ 100 g, que diferiu significativamente (P = 0,05) dos clones F2M5/3 (0,2 g/100 g), Ng - Jay (0,2 g/100 g) e MD (0,4 g/100 g).

O fósforo foi mais elevado no clone AI2IB (0,16 g/ 100 g), que diferiu significativamente do clone F2M5/3 (0,03 g/ 100 g), Ng -Jay (0,03 g/ 100 g), MD (0,02 g/ 100 g) e F1M1/4 (0,02g/ 100 g). O teor de cálcio foi mais elevado nos clones KWARA/00 (0,32 g/ 100 g) e SOLO-1/144 (0,32 g/ 100g), mas estes diferem significativamente dos outros clones.

O teor de P-caroteno foi mais elevado no clone SOLO-1/144 (5,43 mg/ 100 g), que foi significativamente diferente de todos os outros clones. O teor mais baixo de P-caroteno, de 0,86 mg/ 100 g, foi observado no clone SOLO-1/100.

Tabela 16: Composição nutricional de alguns clones de batata-doce de polpa alaranjada cultivados em Vom em 2016

Clone	Carbohydrate (g/100 g)	Ash (g/100 g)	Moisture (%)	Protein (g/100 g)	Fibre (g/100 g)	Fat (g/100 g)	Phosphorus (g/100 g)	Calcium (g/100 g)	β-Carotene (mg/100 g)
F2M5/3	30.27[b]	1.05[ab]	63.40[a]	3.07[ab]	2.00[ab]	0.19[d]	0.03[b]	0.22[a]	2.06[cde]
Ng – Jay	35.53[b]	0.78[b]	59.03[a]	2.46[ab]	2.01[ab]	0.21[d]	0.03[b]	0.27[a]	1.68[cdef]
MD	29.80[b]	0.73[b]	64.74[a]	2.40[ab]	2.00[ab]	0.36[cd]	0.02[b]	0.22[a]	1.50[def]
F1M1/4	29.91[b]	0.65[b]	65.10[a]	2.13[ab]	1.50[ab]	0.71[abcd]	0.02[b]	0.28[a]	1.63[cdef]
ELINDA	28.38[b]	0.78[b]	67.73[a]	1.56[b]	1.00[b]	0.56[abcd]	0.05[ab]	0.23[a]	2.55[bc]
SOUL	38.75[b]	0.90[b]	55.98[a]	3.82[a]	1.50[ab]	0.56[abcd]	0.07[ab]	0.29[a]	3.25[b]
AI2IB	26.84[b]	0.68[b]	66.98[a]	2.66[ab]	2.05[ab]	0.81[abc]	0.16[a]	0.20[a]	1.18[ef]
TIS 87/0087/08	31.37[b]	0.90[b]	61.25[a]	2.90[ab]	3.00[a]	0.59[abcd]	0.05[ab]	0.28[a]	1.87[cdef]
KWARA/00	28.49[b]	0.78[b]	56.20[a]	3.12[ab]	2.01[ab]	0.47[bcd]	0.10[ab]	0.32[a]	2.53[bcd]
F1M4/11	56.55[a]	0.98[ab]	37.35[b]	2.66[ab]	1.53[ab]	0.95[ab]	0.08[ab]	0.27[a]	2.53[bcd]
SOLO – 1/100	65.19[a]	0.83[b]	29.20[b]	2.29[ab]	2.00[ab]	0.50[abcd]	0.05[ab]	0.22[a]	0.86[f]
SOLO – 1/144	60.73[a]	1.98[a]	31.53[b]	2.74[ab]	2.00[ab]	1.04[a]	0.07[ab]	0.32[a]	5.43[a]
CV (%)	13.39	48.54	14.21	32.93	36.35	35.51	78.60	70.96	19.58

As médias seguidas da(s) mesma(s) letra(s) na mesma coluna não são significativamente diferentes ao nível de 5% de probabilidade (teste de Duncan). Teste de alcance múltiplo).

4.18 MATRIZ DE CORRELAÇÃO ENTRE O RENDIMENTO TOTAL DE TUBÉRCULOS E A COMPOSIÇÃO NUTRICIONAL

O coeficiente de correlação entre a produção de tubérculos e a composição nutricional dos clones de batata-doce de polpa alaranjada cultivados em Vom 2016 é apresentado no Quadro 17. A produção de tubérculos apresentou uma correlação positiva significativa com os hidratos de carbono (r = 0,406*), as cinzas (r = 0,339*) e a fibra (r = 0,306*). Os hidratos de carbono foram positiva e significativamente correlacionados com a produção de tubérculos (r = 0,406*), cinzas (r = 0,576**), gordura (r = 0,451**) e P-caroteno (r=0,343*). O teor de humidade foi negativamente correlacionado com a gordura (r = -0,451*), o cálcio (r = - 0,303*) e o P-caroteno (r = 0,385*). O teor de fibras apresentou uma correlação positiva significativa com as proteínas (r = 0,338*). O fósforo apresentou uma correlação positiva e significativa com as proteínas (r = 0,276*) e a gordura (r = 0,496**). Verificou-se uma relação positiva significativa entre o cálcio e o P-caroteno (r = 0,672**), bem como com a gordura (r = 0,315*).

Tabela 17: Matriz de correlação da produtividade e da composição nutricional de alguns clones de batata-doce de polpa alaranjada cultivados em Vom em 2016

Parameter	Tuber Yield	Carbohydrate	Ash	Moisture	Protein	Fibre	Fat	Phosphorus	Calcium	β-Carotene
Tuber yield	1	0.406*	0.339*	- 0.402**	- 0.004	0.306*	- 0.358*	- 0.342*	0.068	0.023
Carbohydrate		1	0.576**	- 0.978**	0.012	- 0.028	0.451**	- 0.008	0.189	0.343*
Ash			1	- 0.598**	0.206	0.118	0.472**	0.021	0.456*	0.863**
Moisture				1	- 0.096	- 0.044	- 0.451*	- 0.070	- 0.303*	- 0.385*
Protein					1	0.338*	- 0.049	0.276*	0.397*	0.294
Fibre						1	- 0.137	0.056	0.083	- 0.165
Fat							1	0.496**	0.315*	0.496**
Phosphorus								1	- 0.017	0.083
Calcium									1	0.672**
β-Carotene										1

1 Significativo ao nível de probabilidade de 0,01

* Significativo ao nível de probabilidade de 0,05

CAPÍTULO CINCO

DEBATE E CONCLUSÃO

5.1 DISCUSSÃO

A variação na taxa de estabelecimento entre os clones pode ser atribuída a influências genotípicas e ambientais. Yeng *et al.* (2012) observaram que a utilização dos materiais de plantação mais adequados, o estado de saúde das estacas de videira, a profundidade de plantação e o espaçamento ideais ajudam a melhorar o estabelecimento da cultura. A taxa de estabelecimento geralmente elevada no presente estudo pode ser atribuída à utilização de estacas de vinha saudáveis e à sua adaptabilidade ao ambiente de Jos-Plateau.

Foi observado que a variação no comprimento do pecíolo da batata-doce de polpa alaranjada se deve a diferenças no genótipo e no ambiente (Tewe *et al.*, 2003; Muktar *et al.*, 2010). Neste estudo, o clone Ng-Jay teve o comprimento de videira mais curto quando comparado com os restantes clones. O clone Ng-Jay também produziu a maior produção de tubérculos. Isto implica que o clone translocou a maior parte da matéria seca acumulada durante o período de crescimento para os tubérculos. O aumento da produção de tubérculos à custa do crescimento da videira também foi relatado por Kathabwalika *et al.* (2013). Também foi observado que o clone F1M4/11 produziu o maior comprimento de videira. Foi observado que os genótipos com vinhas longas também produziram um grande número de folhas. Este clone pode, por conseguinte, ser utilizado como

forragem para a alimentação de ruminantes devido à sua riqueza em proteínas (Gonzales *et al.*, 2003; Ahmed *et al.*, 2012).

As diferenças nos valores de IAF têm sido atribuídas ao elevado número de folhas em plantas que foram espaçadas de perto em comparação com as plantas plantadas num espaçamento maior, bem como ao hábito de crescimento de diferentes clones (Eremeer, 2007). Um clone com um grande índice de área foliar pode captar mais luz incidente do sol, que é utilizada para uma maior produção de matéria seca do que aqueles com um pequeno índice de área foliar (Kareem, 2013). Isto também pode ajudar a cultura a sufocar as ervas daninhas que podem afetar o crescimento e o rendimento da cultura (Moyo *et al.*, 2004).

Foi referido que as variações no número médio de dias até à floração se devem a diferenças varietais na resposta ao fotoperíodo (Chung e Myeong, 1996; Vreugdenhil, 2007). No presente estudo, a variação no número médio de dias para a floração pode ter sido devida às diferenças clonais em resposta ao fotoperíodo. Os clones que floresceram tardiamente levaram mais tempo para passar da fase vegetativa para a fase reprodutiva.

Os resultados do presente estudo revelam uma diminuição geral da taxa de crescimento relativo (RGR) com o tempo. Vimala e Hariprakash (2011) registaram uma diminuição da taxa de crescimento relativo ao longo do tempo. À medida que a época de cultivo avança, a quantidade de luz solar intercetada pelas folhas diminui devido ao sombreamento mútuo das folhas inferiores e à senescência das folhas mais velhas. Por conseguinte, a quantidade de matéria seca produzida pelas folhas e distribuída pelas diferentes partes da planta é reduzida, diminuindo assim a taxa de crescimento da planta. Além disso, com o tempo, mais assimilados foram acumulados nas raízes de armazenamento em detrimento das folhas e do caule, reduzindo assim a translocação de assimilados para as folhas e caules, e reduzindo a taxa de crescimento das plantas.

No entanto, no clone F1M4/11, a RGR foi baixa na fase inicial, e depois aumentou aos 90 DAP antes de diminuir aos 120 DAP. Isso pode ter sido devido à lenta taxa de produção de folhas nos estágios iniciais de crescimento.

Neste estudo, a taxa de assimilação líquida variou com o genótipo e o estádio de crescimento. Na maior parte dos clones, a TAL foi mais elevada nas primeiras fases de crescimento do que nas últimas. À medida que a estação de cultivo avança, a interceção da luz melhora e a taxa de produção de matéria seca aumenta. Mas devido ao sombreamento mútuo, a fotossíntese já não excede a respiração nas folhas mais velhas, que então deixam de ser produtores líquidos de matéria seca (Namo, 2005). No entanto, nos clones em que o NAR foi mais elevado nos últimos estádios de crescimento, poderá ter havido menos sombreamento mútuo das folhas, devido à orientação das folhas, o que poderá ter resultado numa produção contínua de matéria seca.

Os resultados deste estudo revelam que mais matéria seca foi acumulada nas folhas e caules do que nos tubérculos nas fases iniciais de crescimento; no entanto, mais matéria seca foi distribuída para os tubérculos nas fases posteriores de crescimento. Nos clones de alto rendimento, mais assimilados foram translocados para os tubérculos do que para as folhas e caules. No clone Ng-Jay, por exemplo, mais assimilados foram translocados para os tubérculos no final da estação de cultivo do que para as folhas e o caule. Namo (2005) observou que a taxa de translocação de assimilados da fonte (folhas) para o sumidouro (tubérculos) é um dos principais factores limitantes do potencial de rendimento da batata-doce. Os clones de alto rendimento particionaram mais assimilados para as raízes do que para as folhas e caules, como observado nos clones Ng-Jay, SOLO -1/144 e SOLO

-1/100, que também foram observados como tendo uma alta relação raiz-caule (Mbwaga, 2007).

O comprimento e a circunferência dos tubérculos apresentaram diferenças significativas (P<0,05) entre os doze clones de batata-doce de polpa alaranjada avaliados. As diferenças observadas no comprimento e perímetro dos tubérculos entre os clones de BDPA podem ser atribuídas às suas diferenças genotípicas, como também foi relatado por Rahman *et al.* (2013).

O teor de matéria seca de 27% e acima foi observado como sendo aceitável para a maioria dos processadores de batata-doce (Nwankwo e Afuape, 2013). A maioria dos clones utilizados neste estudo tem um teor de matéria seca de 27% e acima (Tabela 13). Foi relatado que o teor de matéria seca está relacionado com o teor de amido na batata-doce (Nwankwo e Afuape, 2013). O resultado deste estudo indica que os clones de BDPA utilizados podem ser usados para processamento industrial.

O índice de colheita é um componente muito valioso do rendimento, pois representa a eficiência da cultura para converter produtos fotossintéticos em produtos economicamente valiosos (Masango, 2014). O índice de colheita aumentou com o tempo em todos os clones utilizados neste estudo, uma indicação da taxa de conversão efectiva de assimilados.

O rendimento é uma caraterística quantitativa que é influenciada por factores genotípicos e ambientais (Njoku *et al., 2009)*. Foram registadas diferenças no rendimento devido a diferenças genotípicas noutros ensaios de batata-doce (Nedunchezhiyan *et al,* 2008; Kathabwalika *et al.,* 2013; Rahman *et al.,* 2013).

Com base nos critérios de classificação de rendimento da Organização Nacional de Pesquisa Agrícola (NARO), a batata-doce pode ser agrupada em três classes de rendimento de tubérculos: alto rendimento (18-30 t/ha), rendimento moderado (11-17 t/ha) e genótipos de baixo rendimento (<11 t/ha) (Nwankwo *et al.* ,2014). Nenhum dos clones utilizados neste estudo se enquadrou nas classes de rendimento alto e moderado. Isto pode dever-se ao facto de estes acessos terem sido introduzidos recentemente no ambiente de Jos-Plateau e à elevada taxa de fertilizante utilizada, que favoreceu o crescimento das videiras em detrimento dos tubérculos.

Ingabire e Vasanthakaalam (2011) observaram que o teor de cinzas nos tubérculos frescos de batata-doce estava entre 0,40 g/100 g e 0,44 g/100 g. No entanto, foi observado um teor total de cinzas mais elevado (entre 0,65 g/100 g e 1,98 g/100 g) nos clones de batata-doce de polpa alaranjada utilizados no presente estudo. O teor de cinzas da batata-doce também pode ser influenciado por outros factores, como o solo e as condições climáticas (Abbasi *et al.*, 2011). O elevado teor de cinzas indica que os clones utilizados neste estudo são ricos em sais minerais e podem ser recomendados para prevenir e curar a fome em crianças e mães lactantes.

Tal como outras culturas de raízes tuberosas, a batata-doce é conhecida pelo seu baixo teor de gordura, como observado neste estudo. Os resultados obtidos nesta investigação (entre 0,19 g/100 g e 1,04 g/100 g) corroboram as conclusões de Mu *et al.* (2009), que registaram um teor de gordura entre 0,20 g/100 g e 1,5 g/100 g.

O teor de proteínas nas dietas dos grupos de baixo rendimento nos países em desenvolvimento é derivado maioritariamente de alimentos de origem vegetal. O teor médio de proteína total da batata-doce é tão baixo como 1,5% (fw) e 5% (dw) (Benjamin, 2007); no entanto, é superior às raízes tuberosas como a mandioca, a banana, o taro, mas inferior à batata, ao inhame e aos cereais. Os clones utilizados neste estudo tinham um teor de proteínas superior a 1,00% e poderiam ser considerados como uma fonte de proteínas.

Acredita-se que a fibra alimentar reduz a incidência de cancro do cólon, diabetes, doenças cardíacas e certas doenças digestivas (Huang *et al.,1999)*. Os resultados obtidos neste estudo revelaram que o teor de fibra variou entre 1,00 g/100 g e 3,00 g/100 g. Isto corrobora as conclusões de Huang *et al.* (1999) que registaram um teor de fibra entre 2,01 g/100 g e 3,87 g/100 g de peso fresco de tubérculos de batata-doce. Os clones com elevado teor de fibra podem ser uma boa fonte de fibra alimentar. SOLO-1/144, Ng-Jay, F2M5/3 e TIS 87/0087/08 têm um elevado teor de fibra e podem ser considerados como uma fonte de fibra alimentar.

Tem sido relatado que os hidratos de carbono elevados nos alimentos servem como fonte de energia para os seres humanos (Eleazu e Ironua, 2015). Os clones utilizados neste estudo diferiram significativamente (P<0,05) em hidratos de carbono entre os doze clones de batata-doce de polpa alaranjada avaliados. As diferenças observadas no teor de hidratos de carbono entre os clones de BDPA podem ser atribuídas às suas diferenças genotípicas, como também foi relatado pela FAO (2001), Eleazu e Ironua (2015) e Mohammad *et al.* (2016).

O cálcio é o componente mineral básico dos ossos e dos dentes. Participa nos processos de coagulação do sangue e é essencial para o bom funcionamento dos nervos e para a contração muscular. No presente estudo, o teor de cálcio observado variou entre 0,22 e 0,30 g/100 g, o que corrobora os resultados de Colato *et al.* (2011) e Marczak *et al.* (2014), que registaram um teor de cálcio de 0,22 g/100 g e 0,30 g/100 g, respetivamente, num peso fresco do tubérculo de batata-doce.

Hiroshi *et al.* (2000) observaram que o teor de cálcio na batata-doce é geralmente baixo devido ao elevado nível de ácidos oxálico e fítico, o que explica a libertação lenta do cálcio para as actividades biológicas. O ácido oxálico, o ácido fítico e os fosfatos interferem na absorção de cálcio devido à formação de complexos com o cálcio. Por conseguinte, tendo em conta o baixo teor de cálcio, pode sugerir-se que a batata-doce não é uma boa fonte de cálcio.

O fósforo actua como um tampão na manutenção do pH normal no sangue humano. Muitas enzimas e hormonas contêm fósforo como componente estrutural. A hemoglobina depende do fósforo contido na sua estrutura para funcionar corretamente (Benjamin, 2007). Neste estudo, o teor de fósforo observado variou entre 0,02 g/100 g e 0,16 g/100 g. Estes valores são baixos quando comparados com a dose dietética recomendada de 8,00 g por dia para crianças e adultos (OMS, 2012). Por conseguinte, os clones de BDPA utilizados nesta investigação não podem ser considerados como uma boa fonte de fósforo.

Burgos *et al.* (2001) registaram uma variação no teor de P-caroteno entre clones, evidenciada pela intensidade da coloração das batatas-doces. A batata-doce de polpa alaranjada tem potencial para aumentar a ingestão de vitamina A. Cenouras, batatas-doces e vegetais folhosos contêm altos níveis de β - caroteno (Ingabire e Vasanthakaalam 2011). O clone SOLO - 1/144, com o maior teor de P-caroteno neste estudo, pode ser recomendado como fonte de P-caroteno para combater a deficiência de vitamina A, especialmente em crianças pequenas e mulheres grávidas.

Afuape *et al.* (2011) observaram que os estudos de correlação permitem ao criador compreender os caracteres componentes mútuos nos quais a seleção se pode basear para o melhoramento genético. A correlação positiva entre o p-caroteno e o teor de hidratos de carbono, cinzas, gordura e cálcio implica que a seleção simultânea de clones com estas caraterísticas poderia ser realizada para melhorar o teor de p-caroteno dos tubérculos de batata-doce de polpa alaranjada.

5.3 CONCLUSÃO

Os resultados deste estudo mostraram que a produção de raízes tuberosas dos doze clones de batata-doce de polpa alaranjada variou com o genótipo. A percentagem de estabelecimento, o comprimento do pecíolo, o comprimento da videira, o índice de área foliar (LAI), a taxa de crescimento relativo (RGR) e a taxa de assimilação líquida (NAR) variaram com o genótipo. Os resultados da acumulação e repartição da matéria seca mostraram que a proporção de matéria seca nas folhas e caules diminuiu com o tempo, enquanto a dos tubérculos aumentou. Em clones de alto rendimento como Ng-Jay, SOLO-1/100 e SOLO-1/144, mais matéria seca foi translocada para os tubérculos no final da estação de crescimento. O clone Ng-Jay teve o maior rendimento total de tubérculos, enquanto o clone ELINDA teve o menor rendimento total de tubérculos.

Os resultados da análise de nutrientes revelaram que os hidratos de carbono, as cinzas, a humidade, a proteína, a fibra, a gordura, o fósforo e o beta-caroteno variaram com o clone. Os clones não diferiram significativamente no teor de cálcio. O clone SOLO-1/144 apresentou o maior teor de P-caroteno, enquanto o SOLO-1/100 apresentou o menor. O clone SOLO - 1/144 pode ser recomendado como fonte de P-caroteno para combater a deficiência de vitamina A a nível comunitário, especialmente em crianças pequenas e mulheres grávidas.

O resultado da análise de correlação mostrou uma correlação positiva entre a produção total de tubérculos e os teores de hidratos de carbono, cinzas e fibras. Verificou-se uma correlação negativa entre a produção de tubérculos e o teor de humidade e fósforo.

REFERÊNCIAS

Abbasi, K. S., Masud, T., Gulfraz, M., Ali, S. e Imran, M. (2011). Atributos físico-químicos, funcionais e de processamento de algumas variedades de batata cultivadas no Paquistão. *Jornal Africano de Biotecnologia,* 10:19570-19579.

Afuape, S. O., Okocha, P. I. e Njoku, D. (2011).Avaliação multivariada da variabilidade agromorfológica e componentes de rendimento entre as variedades de batata-doce (Ipomoea batatas (L.) Lam). *Revista Africana de Ciências Vegetais,* 5(2), 123-132.

Ahmed, M., Nigussie-Dechassa, R. e Abebie, B.(2012). Efeito dos métodos de plantação e da colheita da vinha na produção de rebentos e raízes tuberosas da batata-doce *[Ipomoea batatas* (L.) Lam.] na região de Afar, na Etiópia. *Revista Africana de Recursos Agrícolas,* 7: 1129-1141.

Akinrinde, E. A. (2006). Efeito da fertilização com fósforo na produção de matéria seca e na partição da biomassa na batata-doce *(Ipomoea batatas* (L.)Lam.) cultivada num alfisol ácido de areia argilosa. *Journal of Food Agriculture Enviromment,* 4(3-4), 99-104.

Alleman, J. (2004). Fertilização, irrigação e controlo de ervas daninhas. In: Guia para a produção de batata-doce na África do Sul. Neidrsweiser, J (ed.). Pp27-38 ARC, Pretória, República da África do Sul ISBN 86849-292-3.

Andersen, C. R. (2009). Home Gardening Series Sweet Potatoes; Agricultura e Recursos Naturais, Universidade de Arkanas, EUA, FSA6018.

Anderson, P., Kapinga, R., Zhang, D. e Hermann, M. (2007). Vitamina A para África (VITAA): Um ponto de entrada para a promoção da batata-doce de polpa alaranjada para combater a deficiência de vitamina A na África subsaariana. In: *Actas do 13º Simpósio do ISTRC, Arusha,* Tanzânia. Pp 711-720.

Associação dos Químicos Analíticos (AOAC). (2000). *Official Methods of Analysis* (17th Edition) Volume I. Association of Official Analytical Chemists, Inc., Maryland, USA.

Attaluri, S., Janardhan, K. V. e Light, A., (ed.) (2010).Sustainable Sweet Potato Production and Utilization in Orissa, India. Actas de um workshop e formação realizados em Bhubaneswar, Orissa, Índia, 17-18 de março de 2010. Bhubaneswar, Índia. Centro Internacional da Batata (CIP).

Centro Australiano para a Investigação Agrícola Internacional (ACIAR) (2012). "Culturas Produção, a nível mundial, dados de 2010".Food and Agriculture Organization of the United Nations, aciarblog.blogspot.com/2012/the-importance of sweet potatoes .html).(Retrieved September 19, 2015).

Benjamin, A. C. (2007). Batata-doce: Uma revisão do seu papel passado, presente e futuro na nutrição humana. *Avanços na Investigação em Nutrição Alimentar,* 52(1): 1-59.

Biswal, S. (2008).Resposta da batata-doce *(Ipomoea batatas* L.) à irrigação e níveis de fertilidade.Tese de doutoramento, Universidade de Tecnologia Agrícola de Orissa, Bhubaneswar, Índia.

Bourke, R. M. (2006). Diferenças entre o tempo de calendário e o tempo de planta na batata-doce: Uma fonte potencial de erro experimental significativo. In: *14th Triennial Symposium of International Society of Tropical Root Crops*, 20-26 de novembro de 2006, Central Tuber Crop Research Institute, Thiruvananthapuram, Índia, pp 253.

Burgos, G., Rosemary, C., Cinthia, S., Sosa, P., Porras, E., Jorge, E. e Wolfgang, G. (2001).A colour chart to screen for high P-carotene in OFSP breeding.International Society for Tropical Root Crops (ISTRC).15th Triennial ISTRC Symposium. pp 47-52.

Byju, G. e Nedunchezhiyan, M. (2004). Potassium: A key nutrient for higher tropical tuber crops production. *Fertilizer News,* 49(3), 39-44.

Chung, B. e Myeong, J. (1996). Resposta da floração e da altura da planta influenciada pela duração do dia em Kalanchoe blossfeldiana. *RDA J. Agric. Sci. Horticult.*, 38: 594-597.

CIP, (2011).Rooting Out Hunger in Malawi with Nutritious Orange-Fleshed Sweetpotato. Relatório Anual do Projeto Sweetpotato: Ano 2. Preparado para a Irish Aid, Abidin, P. E. (ed). Apresentado pelo CIP em setembro de 2011, CIP Malawi, 48pp.

Colato, A. G., Yoshie, T. C., Augustus, R. e Jin,˙P. K. (2011). Batata-doce: Produção, Caraterísticas Morfológicas e Físico-Químicas, e Processo Tecnológico. *Ciência e Biotecnologia de Frutas, Legumes e Cereais,* 5: 1-18.

Grupo Consultivo para a Investigação Agrícola Internacional (CGIAR). (2006). Sweet Potato. http://www.cigar.org/impact/research/sweetpotato.html (Recuperado em 19 de setembro de 2015).

Degras, L. (2003). *Sweet Potato.* MacMillan, Oxford. Inglaterra, 136pp.

Eleazu, C. O. e Ironua, C. (2015). Composição físico-química e propriedades antioxidantes de uma variedade de batata-doce *(Ipomoea batatas* L.) vendida comercialmente no sudeste da Nigéria. *Afr. J. Biotechnol.,* 12(7): 14-16.

Eremeer, V. (2007). A influência do choque de tharwal e da pré-brotação na formação de elementos de estrutura de rendimento em batatas de semente. *Tese de doutoramento, Universidade de Ciências da Vida da Estónia.* 64p.

Ezeano, C. I. (2006). Trends in Sweet Potato Production, Utilization and Marketing among Households in Southeastern Nigeria, Tese de Doutoramento, Departamento de Extensão Agrícola, Universidade da Nigéria, Nsukka, 224pp.

Fan, G., Han, Y., Gu, Z. e Chen, D. (2008). Otimização das condições para a extração de antocianinas da batata-doce roxa utilizando a metodologia de superfície de resposta (RSM). *LWT food Science Technology,* 41: 155-160.

FAO (2001).*Improving Nutrition through Home Gardening: A Training Package for Preparing Field Workers in Africa*; Organização para a Alimentação e Agricultura, Roma, Itália.

FAO *(2002), Food and Agriculture Organization, Production Yearbook* 2001, Roma, Itália.

Gad, L. e George, T. (2009). *The sweetpotato* .Springer, USA, 425pp.

George, J. e Mitra, B. N. (2001). Integrated Nutrient Management in Sweet Potato Production (Gestão Integrada de Nutrientes na Produção de Batata Doce). *Journal of Root Crops,* 27(1):169-175.

Gomes, F. e Carr, M. K. V. (2003).Efeitos da disponibilidade de água e da frequência de colheita da vinha na produtividade da batata-doce no sul de Moçambique. II. Uso da água na cultura. *Agricultura Experimental,* 39: 39-54.

Gonzalez, C., Diaz, I., Vecchionacce, H. e Ly, J. (2003). Caraterísticas de desempenho de suínos alimentados com folhagem de batata-doce *(Ipomoea batatas* L.) *ad libitum* e níveis graduais de proteína. *Livestock Research for Rural Development,* (15)9. http://www.cipav. org.co/lrrd/lrrd15/9/gonz159 .htm

Gregory, F.G. (1918). Physiological conditions in cucumber houses. *3rd Annual Report of the Experimental Research Station, Nursery and Market Garden Industries Development Soc. Ltd., Chestnut,* 1918, pp. 19-28.

Hiroshi, I., Hirorko, S., Noriko, S. I., Satoshi, T., Tadahiro, T. e Akio, M. (2000). Nutritive Evaluation of Chemical Composition of Leaves, Stalks and Stem of Sweet Potato *(Ipomoea batatas* L.), *Food Chemistry,* 68: 350-367.

Huaman, Z. (Ed.) (1999). *Manual de Formação em Gestão de Germoplasma de Batata Doce (Ipomoea batatas);* Centro Internacional da Batata (CIP), Peru.http://sweetpotatoknowledge.org. (Acedido em 8 de outubro de 2015).

Huang, A. S., Tanudjaja, L. and Lum, D. (1999).Content of Alpha-, Beta-Carotene, and Dietary Fibre in 18 Sweet potato Varieties Grown in *Hawaii.Journal of Food Composition and Analysis,* 12 (2):147-151.

Ijeh, I. I. e Ukpabi, U.J. (2004). Conteúdo carotenoide e polifenólico de quatro variedades de elite de batata-doce. Instituto Nacional de Investigação de Culturas de Raízes, *Relatório Anual de 2004 NRCRI, Umudike,* pp. 180-182.

Ingabire, M. R. e Vasanthakaalam, H. (2011).Comparação da composição de nutrientes de quatro variedades de batata-doce cultivadas no *RuandaAmerican Journal of Food and Nutrition,* 1(1): 34-38.

John, K. S., Shalini, P. P., Nair, G. M. e Chithra, V.G. (2001). Concentração crítica como reflexo das necessidades de potássio da batata-doce num ultisol ácido. *Journal of Root Crops,* 27(1), 223-228.

Johnson, M. e Pace, R. D. (2010). Folhas de batata-doce: propriedades e interações sinérgicas que promovem a saúde e previnem doenças. www.ncbi.nlm.nih.gov/pubmed/20883418. [Data de acesso: 10th outubro, 2016].

Kaggawa, R., Gibson, R., Tenywa, J. S., Osiru, D. S. O. e Potts, M. J. (2006).Incorporação de ervilha-de-angola em sistemas de cultivo de batata-doce para aumentar a produtividade e a sustentabilidade em áreas de terra firme. In: *14th Triennial Symposium of International Society of Tropical Root Crops,* 20-26 de novembro de 2006, Central Tuber Crops Research Institute,

Thiruvananthapuram, Índia, pp 186.

Kareem, I. (2013). Efeitos dos tratamentos com fertilizantes de fósforo no crescimento vegetativo, na produção de tubérculos e na absorção de fósforo da batata-doce (*Ipomoea batatas L.*). *African Journal of Agricultural Resources,* 8(22)2681- 2684.

Kathabwalika, D. M., Chilembwe, E. N. C., Mwale, V. M., Kambewa, D. e Njoloma, J. P. (2013). Crescimento das plantas e estabilidade do rendimento dos genótipos de batata-doce de polpa alaranjada (*Ipomoea batatas*) em três zonas agro-ecológicas do Malawi. *Revista Internacional de Investigação em Ciências Agrárias e Ciências do Solo,* 3(11): 383 - 392.

Lerner, B. R. (2001). The sweet potato.Purdue University Cooperative Extension Service.http://www.hort.purdue.edu/ext/ho-136.... [Acedido em 6 de outubro de 2015].

Little, T. M. e Hills, F. J. (1977).*Agricultural Experimentation, Design and Analysis* .John Wiley and Sons Ltd, New York, USA. 350pp.

Marczak, B. K., Sawicka, B., Supski, J., Cebulak, T. e Paradowska, K. (2014).Valor nutricional da batata-doce *(Ipomoea batatas* (L.) Lam) cultivada nas condições do sudeste da Polónia. *Revista Internacional de Agronomia e Investigação Agrícola* .4(4): 169-178.

Masango, S. (2014). Eficiência do uso da água na batata-doce de polpa alaranjada. *M.Sc. Tese Universidade de Pretória, África do Sul.112pp.* Publicação académica recuperada de http://www.repository.up.ac.za. [Data de avaliação 2nd Feburary, 2017].

Mbwaga, Z. (2007).Qualidade e estabilidade do rendimento de variedades de batata-doce de polpa alaranjada (*Ipomoea batatas* (L) Lam.) em diferentes agro-ecologias. *Tese de Mestrado. Universidade da Zâmbia Lusaka, Zâmbia.*pp 76.

Mohammad, K. A., Ziaul, H. R. e Sheikh, N. I. (2016).Comparação da Composição Proximal, Carotenóides Totais e Conteúdo Total de Polifenóis de Nove Variedades de Batata Doce de Polpa Laranja Cultivadas no Bangladesh.*Foods,* 5:64 www.mdpi.com/journal/foods (data de acesso: 5 de fevereiro de 2017).

Mohanty, A. K., Sethi, K., Samal, S., Naskar, S. K. e Nedunchezhiyan, M. (2005). Relação entre a fase óptima de colheita e a incidência do gorgulho da batata-doce em diferentes condições agroclimáticas de Orissa. *The Orissa Journal of Horticulture,* 55(1), 43-45.

Moyo, C. C., Benes, I. R. M., Chipungu, F. P., Mwale, C.H.L., Sandifolo, V. S. e Mahungu, N. M. (2004). Avaliação do rendimento da mandioca e da batata-doce no Malawi. *African Crop Science Journal,* 12(3): 195-203.

Mu, T. H., Tan, S. S. e Xue, Y. L. (2009).A composição de aminoácidos, solubilidade e propriedades emulsionantes da proteína da batata-doce.*Food Chemistry,* 112:1002-1005.

Muktar, A. A., Tanimu, B., Arunah, U. L. e Babaji, B. A. (2010). Avaliação dos caracteres agronómicos das variedades de batata-doce cultivadas com diferentes níveis de fertilizantes orgânicos e inorgânicos. *Revista Mundial de Ciências Agrícolas,* 6

(4):370-373.

Nair, G. M. (2000). Requisitos culturais e de maneio da batata-doce. In: Mohankumar C. R., Nair, G. M., James G., Ravindran, C. S. e Ravi, V. (Eds). *Production Technology of Tuber Crops,* Central Tuber Crops Research Institute, Thiruvananthapuram, India.Pp 44-64.

Nair, G. M. (2006). Agro-técnicas e produção de material de plantação em batata-doce. In: Nedunchezhiyan, M. e Byju, G. (2005). Effect of Planting Season on Growth and Yield of Sweet Potato *(Ipomoea batatas* L.) *varieties. Journal of Root Crops,* 31 (2), 111-114.

Namo, O. A. T. (2005). Rastreio dos potenciais de fonte e sumidouro em algumas linhas de batata-doce *(Ipomoea batatas* (L.)Lam.) em Jos - Plateau, Nigéria. Lines in Jos - Plateau, Nigeria.Tese de Doutoramento, Universidade de Jos, Jos, Nigéria.Publicado por Lambert Academic Publishing, Omniscriptum GmbH Co. KG, Deutschland, Alemanha.240 pp.

Namo, O. A. T. e Akinbola, O. J. (2016). Batata-doce: Produção, propriedades nutricionais e doenças. In: Sullivan,D. (Ed). *Sweet Potato.* Nova Science Publishers, Inc., Nova Iorque, EUA. Pp1-33.

Nath, R., Kundu, C.K., Majumber, A., Gunri, S., Chattopadhyay, A. e Sen, H. (2006). Produtividade da batata-doce influenciada pela cultivar, estação do ano e staggard haversting no ecossistema laterítico de Bengala Ocidental. In: *14th Triennial Symposium of International Society of Tropical Root Crops,* 20-26 de novembro de 2006, Central Tuber Crop Research Institute, Thiruvananthapuram, Índia. pp 213.

Nedunchezhiyan, M. e Byju, G. (2005).Effect of Planting Season on Growth and Yield of Sweet Potato *(Ipomoea batatas* L.)Varieties. *Journal of Root Crops,* 31 (2), 111-114.

Nedunchezhiyan, M., Byju, G. e Naskar, S. K. (2008).Batata-doce *(Ipomoea batatas* (L)) como cultura intercalar numa plantação de cocos: crescimento, rendimento e qualidade. *Journal of Root Crops,* 33(1): 26 -29.

Nedunchezhiyan, M. e Ray, R. C. (2010). Crescimento, desenvolvimento, produção e utilização da batata-doce: Visão geral. In: Ray, R.C. e Tomlins, K.I. (Eds). *Sweet potato: Post harvest aspect in Food,* Nova Science Publishers Inc., New York, USA. Pp1-26.

Nedunchezhiyan, M., Byju, G. e Jata, S. K. (2012). Sweet Potato Agronomy.*Fruit, Vegetable and Cereal Science and Biotechnology,* 6(1): 110.

Ngoan, T. N. (2006). Situação da produção, utilização e comercialização de culturas de raízes no Vietname. In: Documentos concisos do 2º Simpósio Internacional sobre Batata Doce e Mandioca, 14-17 de junho de 2005, Kuala Lumpur, Malásia, pp 141-142.

Njoku, J. C., Muoneke, M. O. e Okocha, P. I. (2009). Efeito do período de manutenção e do tamanho dos propágulos no estabelecimento e no rendimento da batata-doce. Actas da 43.ª Conferência Anual da Sociedade Agrícola da Nigéria, realizada na Comissão Nacional de Universidades/RMRDC, Abuja, 20-23 de outubro, pp. 64-67.

Nwankwo, I. I. M. e Afuape, S. O. (2013) Avaliação dos genótipos de batata-doce de polpa alaranjada de alta altitude *(Ipomoea batatas)* para adaptabilidade e rendimento na ecologia da floresta tropical de terras baixas de Umudike, sudeste da Nigéria. *IOSR*

Journal of Agriculture and Veterinary Science, 5(6):77-81.

Nwankwo, I. I. M., Bassey, E. E. e Afuape, S. O. (2014). Avaliação do rendimento da batata-doce de polinização aberta *(Ipomoea batatas* (L.) Lam.) Genótipos em ambiente húmido de Umudike, Nigéria. *Jornal Global de Biologia, Agricultura e Ciências da Saúde,* 3(1):199-204.

Ojeniyi, T. and Tewe, O. O. (2001).Processing and Utilization of sweet potato for food and livestock in *Nigeria.Proceedings of the 8th Symposium of the International Society of Tropical Root Crops-Africa Branch Syrup,* Ibadan.

Parle, M. (2015).Sweet Potato as a super-food.*International Journal of Research,* 6(4): 557-562.

Philpott, M., Gould, K. S., Lim, C. e Ferguson, L. R. (2004). Atividade antioxidante *in situ* e *in vitro* das antocianinas da batata-doce. *Journal of Agricultral and Food Chemistry,* 52: 1511-1513.

Rahman, M. H., Patway, M. M. A., Bama, H., Hossain, M. e Nahar, S. (2013). Avaliação do genótipo de batata-doce de polpa alaranjada *(Ipomoea batatas* L.) para maior rendimento e *qualidade.Agricultores,* 11:21-27.

Ravindran, C. V., Ravi, V., Nedunchezhiyan, M., George, J. e Naskar, S. K. (2010). Manejo de ervas daninhas em tubérculos tropicais: uma visão geral. *Journal of Root Crops, 36(2):* 119-131.

Rodriguez-Amaya, D. B. e Kimura, M. (2004).Harvestplus Handbook for Carotenoid Analysis.Harvest plus Technical Monograph 2.IFPRI, Washington D.C.

Salawu, I. S. e Mukhtar, A. A. (2008).Redução da dimensão dos caracteres de crescimento e rendimento das variedades de batata-doce *(Ipomoea batatas* L.) afectadas por taxas variáveis de fertilizantes orgânicos e inorgânicos .*Asian Journal of Agricultural Research,* 2(1), 41-44.

Saleh, H. H., Mohammed, S. O., Ali, H. A., Shaali, M.S., Khamis, F.H., Kapinga, R. e Tumwegamire, S. (2011). A introdução e o lançamento de variedades de batata-doce de polpa alaranjada - um avanço para a deficiência de vitamina A - como o caso de Zanzibar. *2° Relatório de Investigação Agrícola de Zanzibar,* 6-11.

Saranya, S., Darasinh, S. e Sonja, S. Y. (2006).A origem e evolução da batata-doce *(Ipomoea batatas* Lam.) e dos seus parentes selvagens através de abordagens citogenéticas. *PlantScience,* 171, 424-433.

Satapathy, M. R., Sen, H., Chattopadhyay, A. e Mohapatra, B. K. (2005). A acumulação de matéria seca, a taxa de crescimento e o rendimento dos cultivadores de batata-doce são influenciados pela gestão do azoto e do corte. *Journal of Root Crops,* 31(1), 129-132.

Scott, G. J. (2000). *Sweet potatoes as animal feed in developing countries: present patterns and future prospects* pp183-202. Organização para a Alimentação e Agricultura>frg.

Sebastiani, S. K., Mgonja, A., Urio, F. e Ndondi, T. (2006). Resposta da batata-doce à aplicação de fertilizantes de azoto e fósforo: Benefícios agronómicos e económicos nas terras altas do norte da Tanzânia. In: *14th Triennial Symposium of International Society of Tropical Root Crops,* 20-26 November, 2006, Central Tuber Crops Research Institute, Thiruvananthapuram, India, pp 205.

Seem, J. E., Creamer, N. G. e Monks, D. W. (2003). Período crítico de ausência de infestantes para a batata-doce *(Ipomoea batatas)* 'Beauregard'. *Weed Tech.,* 17:686-695.

Sorense, K. A. (2009). Insectos da batata-doce. Identificação, biologia e gestão. *Em*: Loebenstein, G. e Thottapilly, G. (eds). *The Sweet potato,* Spring Science Business Media, BV 2009, Pp161-188.

Srinivas, T. (2009). Economia da produção e comercialização da batata-doce, In: Loebenstein, G. e Thottapilly, G. (eds.). *The sweet potato,* Spring Science Business Media, BV 2009, 436-447.

Stathers, T., Benjamin, M., Katcher, H., Blakenship, J. e Low, J. (2013). *Tudo o que sempre quis saber sobre a batata-doce:* Reaching Agents of Change ToT Manual 2: *Orange-fleshedsweet potato and nutrition.* Centro Internacional da Batata, Nairobi, Quénia. Vol.2.

Terahara, N., Konezak, I., Ono, H., Yoshimoto, M. e Yamakawa, O. (2004). Caraterísticas das antocininas aciladas em calos induzidos a partir de raízes de armazenamento de batata-doce de polpa roxa, *Ipomoea batatas* L. *Journal of Biomedical and Biotechnology* 5, 279-286.

Tewe, O. O., Abu, O. A., Ojeniyi, E. F. e Nwokocha, N. H. (2001). Sweetpotato Production, Utilization and Marketing in Nigeria (Produção, Utilização e Comercialização de Batata Doce na Nigéria). In: Akoroda, M.O. e Ngeve, J.M. (Eds). Root Crops in the Twenty-first *Century. Proceedingsof the Seventh Triennial Symposium of the International Society of Tropical Root Crops-Africa* Branch, Cotonou, Benin. 11-17 de outubro de 1998.

Tewe, O. O., Ojeniyi, F. E. e Abu, O. A. (2003). *Sweet Potato Production, Utilization, and Marketing in Nigeria.* Centro Internacional da Batata, Lima, Peru. 54pp.

Ukpabi, U. J. (2009). Root and Tubers in Nigeria as Sources of Industrial Raw Materials (Raízes e tubérculos na Nigéria como fontes de matérias-primas industriais). In: *Nigeria Agro Raw Materials Development: Some Industrial Crops and Salient Issues* (Onwualu, P.A., Obasi, S.C. e Ukpabi, U.J. (Eds), RMDRC Publications, Abuja, 1: 1-19.

Vimala, B. e Hariprakash, B. (2011). Avaliação de alguns clones promissores de batata-doce para maturidade precoce. *ElectronicJournal of Plant Breeding,* 2: 461-465.

Vreugdenhil, D. (2007). *Potato biology and biotechnology advances and perspectives.* Elsevier Ltd. 823 pp.

OMS (2012). Saúde das mulheres e das crianças: Necessidades e Desafios. http://www.who.int/pmnch/topics/continuum/20120806_needs_and_challenge s.pdf. [Acedido em 27/4/2017].

Yeng, S. B., Agyarko, K., Dapaah, H. K., Adomako, W. J. e Asare, E. (2012). Crescimento e rendimento da batata-doce *(Ipomoea batatas* L.) influenciados pela aplicação integrada de estrume de galinha e fertilizante inorgânico. *African Journal of Agricultural Research,* 7(39): 5387-5395.

Apêndice I: Disposição do campo

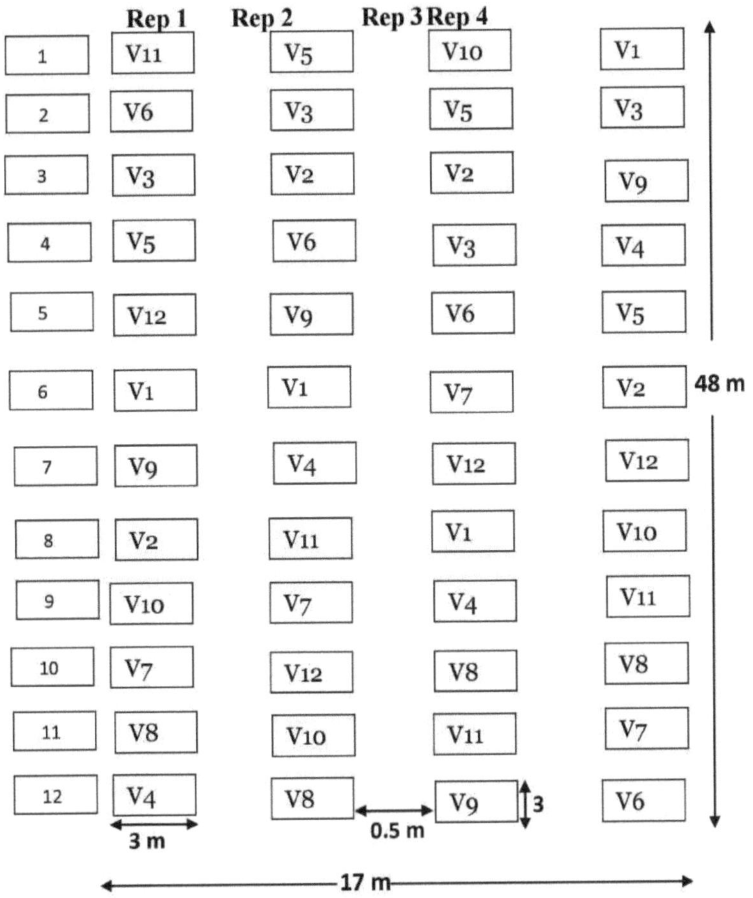

KEY

V1	=	F2M5/3
V2	=	Ng – Jay
V3	=	MD
V4	=	F1M1/4
V5	=	ELINDA
V6	=	SOUL
V7	=	AI2IB
V8	=	TIS 87/0087/08
V9	=	KWARA/00
V10	=	F1M4/11
V11	=	SOLO – 1/100
V12	=	SOLO – 1/144

APÊNDICE II: Dados meteorológicos

Parameter	Value	
Temperature (^{o}C)	Max	Min
	28.92	16.33
Relative Humidity (%)	52.50	
Rainfall (mm)	128.39	
Solar Radiation	Not	
(J/cm^2/day)	available	
Sunshine (Hours)	225.11	

Fonte: National Root Crops Research Institute (NRCRI), Kuru, Plateau State (Lat. 09'44'N, Long. 08° 47'E, Altitude 1.293,3 m).

Apêndice III: Análise de variância para a percentagem de emergência de algumas batatas-doces de polpa alaranjada em Vom

Source of variation	Degree of Freedom	Sum of Squares	Mean Squares	Computed F	Tabular F 5%	1%
Treatment	11	19138.27	1739.84	7.16**	2.26	3.18
Replication	2	775.56	387.78	1.60	3.44	5.72
Error	22	5343.07	242.87			
Total	35	25256.90				

Apêndice IV: Análise de variância para o comprimento do pecíolo aos 80DAP de algumas batatas-doces de polpa alaranjada em Vom

Source of variation	Degree of Freedom	Sum of Squares	Mean Squares	Computed F	Tabular F 5%	1%
Treatment	11	61.28	5.57	6.68**	2.26	3.18
Replication	2	3.04	1.52	1.81	3.44	5.72
Error	22	18.43	0.84			
Total	35	82.75				

Apêndice V: Análise de variância para o comprimento do pecíolo aos 120DAP de algumas batatas-doces de polpa alaranjada em Vom

Source of variation	Degree of Freedom	Sum of Squares	Mean Squares	Computed F	Tabular F 5%	1%
Treatment	11	63.19	5.74	3.96**	2.26	3.18
Replication	2	1.57	0.79	0.54	3.44	5.72
Error	22	31.96	1.45			
Total	35	96.72				

** Significativo ao nível de 1% de probabilidade

Apêndice VI: Análise de variância para o comprimento das videiras aos 80 DAP de algumas variedades de batata-doce de polpa alaranjada em Vom

Source of variation	Degree of Freedom	Sum of Squares	Mean Squares	Computed F	Tabular F	
					5%	1%
Treatment	11	26721.84	2429.26	7.68[**]	2.26	3.18
Replication	2	847.54	423.77	1.34	3.44	5.72
Error	22	6958.31	316.29			
Total	35	34527.69				

Apêndice VII: Análise de variância para o comprimento da videira aos 120 DAP de algumas batatas-doces de polpa alaranjada em Vom

Source of variation	Degree of Freedom	Sum of Squares	Mean Squares	Computed F	Tabular F	
					5%	1%
Treatment	11	66135.19	6012.29	7.13[**]	2.26	3.18
Replication	2	3435.79	1717.90	2.04	3.44	5.72
Error	22	18561.21	843.69			
Total	35	88132.19				

Apêndice VIII: Análise de variância para o índice de área foliar aos 45 DAP de algumas batatas-doces de polpa alaranjada em Vom

Source of variation	Degree of Freedom	Sum of Squares	Mean Squares	Computed F	Tabular F	
					5%	1%
Treatment	11	3.40	0.31	4.19[*]	2.82	4.46
Replication	1	0.11	0.11	1.43	4.84	9.65
Error	11	0.81	0.07			
Total	23	0.73				

* Significativo ao nível de 5% de probabilidade ** Significativo ao nível de 1% de probabilidade

Apêndice IX: Análise de variância para o índice de área foliar aos 90 DAP de algumas <u>batatas-doces de polpa alaranjada em Vom</u>

Source of variation	Degree of Freedom	Sum of Squares	Mean Squares	Computed F	Tabular F 5%	Tabular F 1%
Treatment	11	4.93	0.45	2.25	2.82	4.46
Replication	1	0.04	0.04	0.20	4.84	9.65
Error	11	2.20	0.20			
Total	23	4.32				

Apêndice X: Análise de variância para o índice de área foliar aos 120 DAP de algumas plantas de batata-doce de polpa alaranjada em Vom

Source of variation	Degree of Freedom	Sum of Squares	Mean Squares	Computed F	Tabular F 5%	Tabular F 1%
Treatment	11	1.91	0.17	4.18*	2.82	4.46
Replication	1	0.004	0.004	0.10	4.84	9.65
Error	11	0.46	0.042			
Total	23	33.92				

Apêndice XI: Análise de variância para a data de floração de algumas <u>batatas-doces</u> de polpa alaranjada <u>em Vom</u>

Source of variation	Degree of Freedom	Sum of Squares	Mean Squares	Computed F	Tabular F 5%	Tabular F 1%
Treatment	11	2423.64	220.33	9.58**	2.26	3.18
Replication	2	22.89	11.44	0.50	3.44	5.72
Error	22	505.78	22.99			
Total	35	2952.31				

1 Significativo ao nível de 5% de probabilidade ** Significativo ao nível de 1% de probabilidade

Apêndice XII: Análise de variância para a taxa de crescimento relativo aos 45 DAP de algumas batatas-doces de polpa alaranjada em Vom

Source of variation	Degree of Freedom	Sum of Squares	Mean Squares	Computed F	Tabular F 5%	1%
Treatment	11	28.48	2.39	6.41**	2.82	4.46
Replication	1	0.01	0.01	0.03	4.84	9.65
Error	11	4.10	0.37			
Total	23	32.59				

Apêndice XIII: Análise de variância para a taxa de crescimento relativo aos 90 DAP de algumas batatas-doces de polpa alaranjada em Vom

Source of variation	Degree of Freedom	Sum of Squares	Mean Squares	Computed F	Tabular F 5%	1%
Treatment	11	17.79	1.62	0.83	2.82	4.46
Replication	1	0.20	0.20	0.10	4.84	9.65
Error	11	21.55	1.96			
Total	23	39.55				

Apêndice XIV: Análise de variância para a taxa de crescimento relativo aos 120 DAP de algumas batatas-doces de polpa alaranjada em Vom

Source of variation	Degree of Freedom	Sum of Squares	Mean Squares	Computed F	Tabular F 5%	1%
Treatment	11	28.27	2.57	1.06	2.82	4.46
Replication	1	0.04	0.04	0.02	4.84	9.65
Error	11	26.76	2.43			
Total	23	55.56				

** Significativo ao nível de 1% de probabilidade

Apêndice XV: Análise de variância para a taxa de assimilação líquida aos 45 DAP de algumas batatas-doces de polpa alaranjada em Vom

Source of variation	Degree of Freedom	Sum of Squares	Mean Squares	Computed F	Tabular F 5%	1%
Treatment	11	68.70	6.25	1.27	2.82	4.46
Replication	1	12.37	12.37	2.51	4.84	9.65
Error	11	54.31	4.94			
Total	23	135.38				

Apêndice XVI: Análise de variância para a taxa de assimilação líquida aos 90 DAP de algumas batatas-doces de polpa alaranjada em Vom

Source of variation	Degree of Freedom	Sum of Squares	Mean Squares	Computed F	Tabular F 5%	1%
Treatment	11	23.41	2.13	1.46	2.82	4.46
Replication	1	1.72	1.72	1.18	4.84	9.65
Error	11	16.02	1.46			
Total	23	41.14				

Apêndice XVII: Análise de variância para a taxa de assimilação líquida aos 120 DAP de algumas batatas-doces de polpa alaranjada em Vom

Source of variation	Degree of Freedom	Sum of Squares	Mean Squares	Computed F	Tabular F 5%	1%
Treatment	11	34.61	3.15	1.31	2.82	4.46
Replication	1	0.52	0.52	0.22	4.84	9.65
Error	11	26.51	2.41			
Total	23	61.65				

Apêndice XVIII: Análise de variância para a contagem de povoamentos na colheita de algumas batatas-doces de polpa alaranjada em Vom

Source of variation	Degree of Freedom	Sum of Squares	Mean Squares	Computed F	Tabular F	
					5%	1%
Treatment	11	1598.23	145.29	5.92**	2.26	3.18
Replication	2	149.56	74.78	3.04	3.44	5.72
Error	22	539.77	24.54			
Total	35	2287.56				

Apêndice XIX: Análise de variância para o número de tubérculos por parcela de batata-doce de polpa alaranjada em Vom

Source of variation	Degree of Freedom	Sum of Squares	Mean Squares	Computed F	Tabular F	
					5%	1%
Treatment	11	62669.40	5697.22	4.16**	2.26	3.18
Replication	2	4426.17	2213.01	1.62	3.44	5.72
Error	22	30113.13	1369.69			
Total	35	97208.75				

Apêndice XX: Análise de variância para o rácio raiz/topo de algumas batatas-doces de polpa alaranjada em Vom

Source of variation	Degree of Freedom	Sum of Squares	Mean Squares	Computed F	Tabular F	
					5%	1%
Treatment	11	29.34	2.67	2.70*	2.26	3.18
Replication	2	1.46	0.73	0.74	3.44	5.72
Error	22	21.87	0.99			
Total	35	52.64				

* Significativo ao nível de 5% de probabilidade ** Significativo ao nível de 1% de probabilidade

Apêndice XXI: Análise de variância para o comprimento dos tubérculos de algumas batatas-doces de polpa alaranjada em Vom

Source of variation	Degree of Freedom	Sum of Squares	Mean Squares	Computed F	Tabular F 5%	1%
Treatment	11	210.05	19.10	1.76	2.26	3.18
Replication	2	28.69	14.35	1.32	3.44	5.72
Error	22	239.14	10.87			
Total	35	477.88				

Apêndice XXII: Análise de variância para a circunferência do tubérculo de algumas batatas-doces de polpa alaranjada em Vom

Source of variation	Degree of Freedom	Sum of Squares	Mean Squares	Computed F	Tabular F 5%	1%
Treatment	11	185.24	16.84	2.56*	2.26	3.18
Replication	2	12.76	6.38	0.97	3.44	5.72
Error	22	144.81	6.58			
Total	35	342.81				

Apêndice XXIII: Análise de variância para o índice de colheita aos 45 DAP de algumas batatas-doces de polpa alaranjada em Vom

Source of variation	Degree of Freedom	Sum of Squares	Mean Squares	Computed F	Tabular F 5%	1%
Treatment	11	0.0850	0.0080	2.0000	2.82	4.46
Replication	1	0.0003	0.0003	0.0700	4.84	9.65
Error	11	0.0437	0.0040			
Total	23	0.1290				

* Significativo ao nível de 5% de probabilidade

Apêndice XXIV: Análise de variância para o índice de colheita aos 90 DAP de alguns frutos de notato doce de polpa alaranjada em Vom

Source of variation	Degree of Freedom	Sum of Squares	Mean Squares	Computed F	Tabular F	
					5%	1%
Treatment	11	0.40	0.04	2.00	2.82	4.46
Replication	1	0.02	0.02	1.00	4.84	9.65
Error	11	0.21	0.02			
Total	23	0.63				

Apêndice XXV: Análise de variância para o índice de colheita aos 120 DAP de algumas batatas-doces de polpa alaranjada em Vom

Source of variation	Degree of Freedom	Sum of Squares	Mean Squares	Computed F	Tabular F	
					5%	1%
Treatment	11	0.430	0.040	1.430	2.82	4.46
Replication	1	0.007	0.007	0.160	4.84	9.65
Error	11	0.300	0.030			
Total	23	0.730				

Apêndice XXVI: Análise de variância para a percentagem de matéria seca de algumas batatas-doces de polpa alaranjada em Vom

Source of variation	Degree of Freedom	Sum of Squares	Mean Squares	Computed F	Tabular F	
					5%	1%
Treatment	11	737.05	67.00	0.91	2.82	4.46
Replication	1	7.13	7.13	0.10	4.84	9.65
Error	11	806.95	73.36			
Total	23	1551.13				

Apêndice XXVII: Análise de variância para o rendimento radicular de algumas variedades de notato doce de polpa alaranjada em Vom

Source of variation	Degree of Freedom	Sum of Squares	Mean Squares	Computed F	Tabular F 5%	1%
Treatment	11	143.85	13.08	4.30**	2.26	3.18
Replication	2	6.69	3.35	1.10	3.44	5.72
Error	22	66.81	3.04			
Total	35	217.35				

Apêndice XXVIII: Análise de variância para o teor proteico de algumas batatas-doces de polpa alaranjada em Vom

Source of variation	Degree of Freedom	Sum of Squares	Mean Squares	Computed F	Tabular F 5%	1%
Treatment	11	7.03	0.64	1.13	2.82	4.46
Replication	1	0.01	0.01	0.23	4.84	9.65
Error	11	8.22	0.56			
Total	23	15.37				

Apêndice XXVIX: Análise de variância para o teor de fósforo de algumas batatas-doces de polpa alaranjada em Vom

Source of variation	Degree of Freedom	Sum of Squares	Mean Squares	Computed F	Tabular F 5%	1%
Treatment	11	0.0330	0.0030	1.43	2.82	4.46
Replication	1	0.0029	0.0029	1.38	4.84	9.65
Error	11	0.0231	0.0021			
Total	23	0.0590				

** Significativo ao nível de 1% de probabilidade

Apêndice XXX: Análise de variância para o teor de hidratos de carbono de algumas batatas-doces de polpa alaranjada em Vom

Source of variation	Degree of Freedom	Sum of Squares	Mean Squares	Computed F	Tabular F 5%	Tabular F 1%
Treatment	11	4295.44	390.50	14.72**	2.82	4.46
Replication	1	11.69	11.69	0.44	4.84	9.65
Error	11	291.85	26.53			
Total	23	4598.98				

Apêndice XXXI: Análise de variância para o teor de humidade de algumas batatas-doces de polpa alaranjada em Vom

Source of variation	Degree of Freedom	Sum of Squares	Mean Squares	Computed F	Tabular F 5%	Tabular F 1%
Treatment	11	4316.92	392.45	6.45**	2.82	4.46
Replication	1	6.76	6.76	0.11	4.84	9.65
Error	11	668.90	60.81			
Total	23	4992.58				

Apêndice XXXII: Análise de variância para o teor de fibras de algumas batatas-doces de polpa alaranjada em Vom

Source of variation	Degree of Freedom	Sum of Squares	Mean Squares	Computed F	Tabular F 5%	Tabular F 1%
Treatment	11	5.12	0.47	1.00	2.82	4.46
Replication	1	0.40	0.40	0.86	4.84	9.65
Error	11	5.15	0.47			
Total	23	10.67				

** Significativo ao nível de 1% de probabilidade

Apêndice XXXIII: Análise de variância para o teor de gordura de algumas batatas-doces de polpa alaranjada em Vom

Source of variation	Degree of Freedom	Sum of Squares	Mean Squares	Computed F	Tabular F	
					5%	1%
Treatment	11	1.54	0.14	3.50*	2.82	4.46
Replication	1	0.12	0.12	2.78	4.84	9.65
Error	11	0.46	0.04			
Total	23	2.12				

Apêndice XXXIV: Análise de variância para o teor de cálcio de algumas batatas-doces de polpa alaranjada em Vom

Source of variation	Degree of Freedom	Sum of Squares	Mean Squares	Computed F	Tabular F	
					5%	1%
Treatment	11	0.036	0.003	0.090	2.82	4.46
Replication	1	0.003	0.003	1.000	4.84	9.65
Error	11	0.357	0.033			
Total	23	0.071				

Apêndice XXXV: Análise de variância para o teor de cinzas de algumas batatas-doces de polpa alaranjada em Vom

Source of variation	Degree of Freedom	Sum of Squares	Mean Squares	Computed F	Tabular F	
					5%	1%
Treatment	11	2.75	0.25	1.25	2.82	4.46
Replication	1	0.13	0.13	0.65	4.84	9.65
Error	11	2.18	0.20			
Total	23	5.07				

* Significativo ao nível de 5% de probabilidade

 Análise de variância para o teor de beta-caroteno de algumas batatas-doces de polpa alaranjada em Vom

Source of variation	Degree of Freedom	Sum of Squares	Mean Squares	Computed F	Tabular F	
					5%	1%
Treatment	11	31.75	2.89	1.29	2.82	4.46
Replication	1	0.03	0.03	0.15	4.84	9.65
Error	11	2.14	0.19			
Total	23	33.92				

Buy your books fast and straightforward online - at one of world's fastest growing online book stores! Environmentally sound due to Print-on-Demand technologies.

Buy your books online at
www.morebooks.shop

Compre os seus livros mais rápido e diretamente na internet, em uma das livrarias on-line com o maior crescimento no mundo! Produção que protege o meio ambiente através das tecnologias de impressão sob demanda.

Compre os seus livros on-line em
www.morebooks.shop

Printed by Books on Demand GmbH, Norderstedt / Germany